跟着电网企业劳模学 系列培训教材

智能变电站继电保护及自动化设备改扩建

国网浙江省电力有限公司　组编

中国电力出版社
CHINA ELECTRIC POWER PRESS

内 容 提 要

本书是"跟着电网企业劳模学系列培训教材"之《智能变电站继电保护及自动化设备改扩建》分册，采用"项目—任务"结构进行编写。本书对九个项目的技术要领和案例进行讲解，每个项目都给出了项目描述、任务描述、知识要点、技术要领和典型案例，以帮助继电保护及自动化专业人员了解智能变电站改扩建的调试流程，熟悉改扩建间隔智能设备功能原理和相关二次虚回路，掌握改扩建继电保护及自动化设备调试技能。

本书可供继电保护一线员工阅读参考，也可作为运行和检修管理相关人员的培训教材。

图书在版编目（CIP）数据

智能变电站继电保护及自动化设备改扩建/国网浙江省电力有限公司组编. —北京：中国电力出版社，2023.8
跟着电网企业劳模学系列培训教材
ISBN 978-7-5198-7909-9

Ⅰ.①智… Ⅱ.①国… Ⅲ.①智能系统－变电所－继电保护－技术培训－教材②智能系统－变电所－自动化设备－技术培训－教材 Ⅳ.①TM63-39②TM77-39

中国国家版本馆 CIP 数据核字（2023）第 106272 号

出版发行：中国电力出版社
地　　址：北京市东城区北京站西街 19 号（邮政编码 100005）
网　　址：http://www.cepp.sgcc.com.cn
责任编辑：王蔓莉
责任校对：黄　蓓　朱丽芳
装帧设计：张俊霞　赵姗姗
责任印制：石　雷

印　　刷：固安县铭成印刷有限公司
版　　次：2023 年 8 月第一版
印　　次：2023 年 8 月北京第一次印刷
开　　本：710 毫米×980 毫米　16 开本
印　　张：13
字　　数：183 千字
印　　数：0001—1000 册
定　　价：65.00 元

编 委 会

编 写 组

丛书序

国网浙江省电力有限公司在国家电网有限公司领导下，以努力超越、追求卓越的企业精神，在建设具有卓越竞争力的世界一流能源互联网企业的征途上砥砺前行。建设一支爱岗敬业、精益专注、创新奉献的员工队伍是实现企业发展目标、践行"人民电业为人民"企业宗旨的必然要求和有力支撑。

国网浙江省电力有限公司为充分发挥公司系统各级劳模在培训方面的示范引领作用，基于劳模工作室和劳模创新团队，设立劳模培训工作站，对全公司的优秀青年骨干进行培训。通过严格管理和不断创新发展，劳模培训取得了丰硕成果，成为国网浙江省电力有限公司培训的一块品牌。劳模工作室成为传播劳模文化、传承劳模精神，培养电力工匠的主阵地。

为了更好地发扬劳模精神，打造精益求精的工匠品质，国网浙江省电力有限公司将多年劳模培训积累的经验、成果和绝活，进行提炼总结，编制了"跟着电网企业劳模学系列培训教材"。该丛书的出版，将对劳模培训起到规范和促进作用，以期加强员工操作技能培训和提升供电服务水平，树立企业良好的社会形象。丛书主要体现了以下特点：

一是专业涵盖全，内容精尖。丛书定位为劳模培训教材，涵盖规划、调度、运检、营销等专业，面向具有一定专业基础的业务骨干人员，内容力求精练、前沿，通过本教材的学习可以迅速提升员工技能水平。

二是图文并茂，创新展现方式。丛书图文并茂，以图说为主，结合典型案例，将专业知识穿插在案例分析过程中，深入浅出，生动易学。除传统图文外，创新采用二维码链接相关操作视频或动画，激发读者的阅读兴趣，以达到实际、实用、实效的目的。

三是展示劳模绝活，传承劳模精神。"一名劳模就是一本教科书"，丛书对劳模事迹、绝活进行了介绍，使其成为劳模精神传承、工匠精神传播的载体和平台，鼓励广大员工向劳模学习，人人争做劳模。

丛书既可作为劳模培训教材，也可作为新员工强化培训教材或电网企业员工自学教材。由于编者水平所限，不到之处在所难免，欢迎广大读者批评指正！

最后向付出辛勤劳动的编写人员表示衷心的感谢！

丛书编委会

前　言

随着电网规模快速发展，变电设备规模和检修工作量成倍上升，对从业人员技能的要求也随之提高，同时新设备、新技术的引入对培训工作提出了新的要求。为提高专业人员的智能变电站继电保护及自动化设备改扩建过程中涉及的相关理论知识和现场实际操作水平，特撰写本书。

近年来，国网浙江省电力有限公司建设了大量智能变电站继电保护及自动化设备改扩建工程，积累了丰富的施工建设经验及调试验收方法。为总结提炼这些宝贵的实践经验，国网浙江省电力有限公司组织有关专家和继电保护专业技术骨干编写了本书。本书内容对于继电保护从业人员在改扩建过程中安全措施实施和安装调试作业有很强的实用价值，对继电保护及自动化专业前期风险管控和技术监督也有很强的指导意义。

本书以项目—任务形式对继电保护改扩建过程中的技术要领和典型案例进行了总结汇编。根据电压等级和设备类型，分为 220kV 变电站内 220kV 线路间隔、110kV 线路间隔、220kV 变压器间隔、220kV 母联间隔、110kV 母分间隔、220kV 母线、110kV 母线改扩建项目以及 110kV 变电站内 110kV 线路、110kV 线变组间隔改扩建项目，共计九个项目。通过阐述改扩建作业知识要点、技术要领，结合实际案例，详细、生动地描述了改扩建后调试过程，分析二次虚回路信息流和保护测控功能原理，归纳得出了调试步骤，从而帮助继电保护从业人员掌握改扩建工作的调试方法、要点和技术、安全措施。此外，本书还介绍了自主可控新一代变电站的安全性检查和 GOOSE 双冗余网络检查任务，帮助继电保护从业人员掌握自主可控新一代智能变电站调试技术。

本书在编写过程中得到了国网浙江省电力有限公司相关领导的关心支持，国网浙江电力调度控制中心、国网浙江电力培训中心和国网杭州供电公司多位具有丰富实践经验和深厚理论基础的专业技术人员参与了编写与审定工作，在此致以衷心的感谢！

由于编者水平所限，错误和不妥之处在所难免，恳请广大读者批评指正。

编　者

2023 年 3 月

目　录

以工匠精神护卫电网安全！

——劳模黄旭亮个人简介

黄旭亮

　　男，就职于国网杭州供电公司变电检修中心变电二次运检一班，1996年毕业于上海交通大学。他致力于继电保护技术研究创新，以其命名的智能变电站继电保护黄旭亮检修法获2013年杭州市先进操作法，组织编写多部智能变电站相关作业指导书，参与多项智能变电站技术规范企业标准制定，多篇论文和科技创新项目获国网浙江电力、浙江省电力学会嘉奖。开展智能变电站关键技术研究应用，国内首个开发应用继电保护在线监测模块等可视化运维工具，全面提升了二次设备状态监测与分析诊断、缺陷及异常处置的维护水平。针对智能变电站继电保护设备更换联调，搭建国内首个智能变电站二次设备工厂化检修平台，实现工厂化检修模式和现场二次设备"即插即用"，大幅提高了现场检修效率、降低了现场作业风险、减少了电网停电时间。

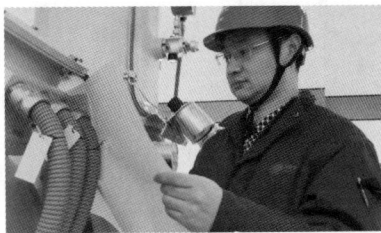

　　个人荣获2015年国网浙江电力劳模和金信系统职业技能带头人、2016年国家电网有限公司优秀专家人才、2017年国网浙江电力继电保护优秀工作者、2018年国网浙江电力优秀班组长和"感动浙电——2018最美员工年度人物"等多项荣誉，所在班组荣获2005～2009年杭州市"创建学习型组织、争做学习型职工"活动示范班组、2013年国网浙江电力青年安全生产示范岗、2016年杭州市金融信息服务工会"工人先锋号"、2018年国网浙江电力"五星级班组"、2019年国家电网有限公司先进班组和精品典型（示范）班组等称号。

项目一

220kV智能变电站改扩建220kV线路间隔

>> 【项目描述】

　　本项目主要讲解智能变电站改扩建 220kV 线路间隔保护和自动化设备相关功能和二次虚回路调试等内容。通过改扩建 220kV 线路间隔保护及自动化设备知识点和技术要领讲解，结合典型案例分析，了解智能变电站扩建 220kV 新线路间隔工作流程，熟悉智能变电站新线路间隔智能设备功能原理和相关二次虚回路，掌握智能变电站改扩建 220kV 新线路间隔相关调试技能等内容。改扩建 220kV 线路间隔主接线示意图如图 1-1 所示。

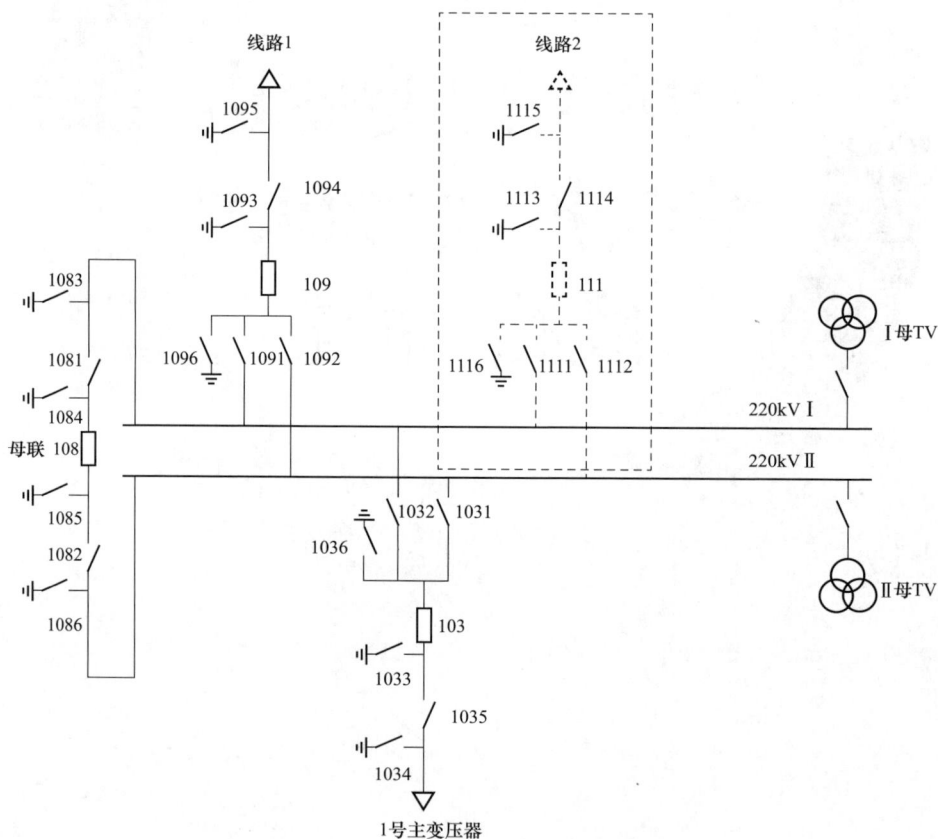

图 1-1　改扩建 220kV 线路间隔主接线示意图

任务一　保护功能调试

≫【任务描述】

本任务主要讲解智能变电站改扩建 220kV 线路间隔后线路保护调试的内容。分析线路保护相关的 18 个调试步骤，并针对自主可控新一代智能变电站，增加了调试步骤⑲和⑳，进一步分析了针对自主可控新一代变电站中线路保护安全性检查和 GOOSE 双网冗余网络检查任务。

≫【知识要点】

220kV、330kV 双通道线路保护所对应的 4 条通信通道应至少配置两条独立的通信路由。通道条件具备时，宜配置 3 条独立的通信路由。

220kV 及以上线路保护采用复用光纤通道时，线路保护应支持 2M 光纤直连通信设备。

220kV 线路纵差保护通道联调，需要收到对侧保护允许跳闸的信号。

改扩建 220kV 线路间隔施工前现场勘察注意事项：①220kV 母设合并单元级联电压备用光口是否充足；②双重化设备所需直流电源空气开关是否充足；③220kV 母线保护是否满足浙江电网标准化保护及辅助装置配置要求；④站控层交换机和 220kV 过程层中心交换机备用光口是否充足；⑤记录相关联设备如故障录波器、保护信息管理机、网络分析仪、在线监测装置等装置型号；⑥对时装置备用光口是否充足，注意屏位布置，是否需要停役相关设备。

220kV 线路间隔相关信息流如图 1-2 所示。

220kV 线路间隔相关二次设备包括本间隔内双重化的两套合并单元、智能终端及线路保护，单套测控装置，相关联的 220kV 母线保护、220kV 母设合并单元。220kV 线路间隔保护信息流见表 1-1。

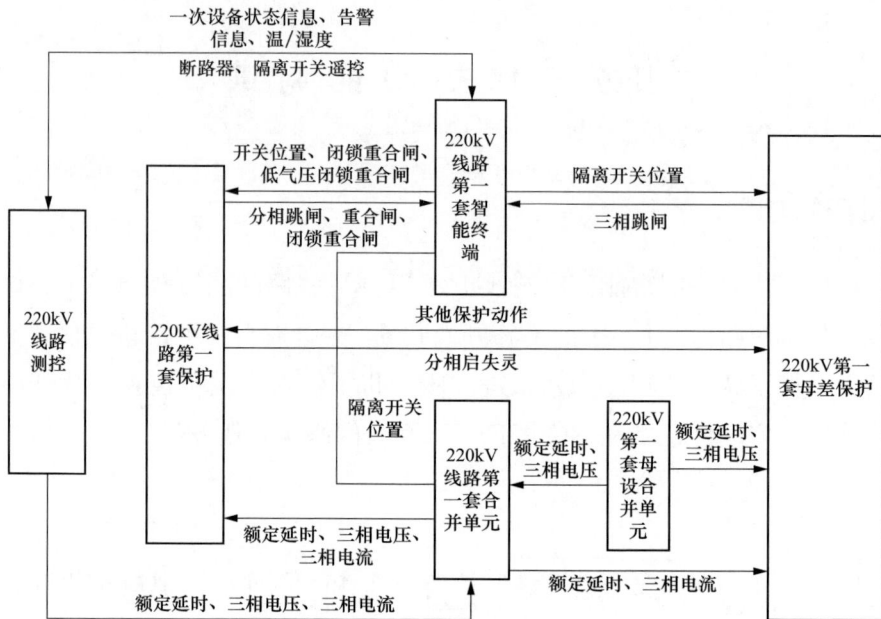

图 1-2　220kV 线路间隔相关信息流

表 1-1　　　　　　　　　　**220kV 线路间隔保护信息流**

装置描述	开入量信号描述	信号来源描述
220kV 线路第一套保护	断路器位置 TWJa、TWJb、TWJc、闭锁重合闸开入 1、低气压闭锁重合闸开入	220kV 线路第一套智能终端
220kV 线路第一套保护	其他保护保护动作 1	220kV 第一套母线保护
220kV 线路第一套智能终端	A 相跳闸开入、B 相跳闸开入、C 相跳闸开入、重合闸开入、闭锁重合闸	220kV 线路第一套保护
220kV 线路第一套智能终端	TJR 闭重三跳开入	220kV 第一套母线保护
220kV 线路第一套合并单元	正母、副母隔离开关位置开入	220kV 线路第一套智能终端
220kV 线路第一套合并单元	通道延时、正母三相保护电压双 AD 采样、副母三相保护电压双 AD 采样和计量电压采样	220kV 母线第一套合并单元
220kV 线路第一套保护	通道延时、A、B、C 相保护电流 1，A、B、C 相保护电流 2，三相交流母线电压和线路电压	220kV 线路第一套合并单元
220kV 线路第二套保护	断路器位置 TWJa、TWJb、TWJc、闭锁重合闸开入 1、低气压闭锁重合闸开入	220kV 线路第二套智能终端

装置描述	开入量信号描述	信号来源描述
220kV 线路第二套保护	其他保护保护动作 1	220kV 第二套母线保护
220kV 线路第二套智能终端	A 相跳闸开入、B 相跳闸开入、C 相跳闸开入、重合闸开入、闭锁重合闸	220kV 线路第二套保护
220kV 线路第二套智能终端	TJR 闭重三跳开入	220kV 第二套母线保护
220kV 线路第二套合并单元	正母、副母隔离开关位置开入	220kV 线路第二套智能终端
220kV 线路第二套合并单元	通道延时、正母三相保护电压双 AD 采样、副母三相保护电压双 AD 采样和计量电压采样	220kV 母线第二套合并单元
220kV 线路第二套保护	通道延时，A、B、C 相保护电流 1，A、B、C 相保护电流 2，三相交流母线电压和线路电压	220kV 线路第二套合并单元

》【技术要领】

现场校验分为 20 个步骤：

① 线路保护装置版本通过国家电网有限公司统一测试核查，满足国家电网有限公司技术规范，采用浙江电网标准化保护及辅助装置智能电子设备能力描述文件（IED capability device，ICD）模型文件；

② 线路保护定值核对，应与调度整定单内容一致；

③ 线路保护交流母线电压、线路电压和分相电流采样值检查；

④ 线路保护装置光口发送功率、接收功率、最小接收功率检查；

⑤ 保护分相断路器分闸位置、闭锁重合闸、低气压闭锁重合闸和启动远方跳闸相关开入量检查；

⑥ 线路纵联差动保护定值校验、功能测试；

⑦ 线路纵联差动保护通道联调，注意检查通信电源双重化配置、光口发送功率、接收功率、误码率、空充及弱馈功能检查等；

⑧ 线路距离保护定值校验、时间测试；

⑨ 线路零序保护定值校验、时间测试；

⑩ 线路重合闸时间测试；

⑪ 线路后加速保护定值校验、时间测试;

⑫ 线路间隔检修机制验证,见表1-2;

表 1-2　　　　　　　　　220kV 线路间隔检修机制验证表

合并单元	保护装置	智能终端	能否出口
正常	正常	正常	可以出口
检修	正常	正常	不能出口
检修	检修	正常	不能出口
检修	检修	检修	可以出口
正常	检修	检修	不能出口
正常	正常	检修	不能出口

⑬ 线路保护采样值(sampled value,SV)收软压板、面向通用对象的变电站事件(generic object oriented substation event,GOOSE)发送软压板和智能终端出口硬压板唯一性和正确性验证;

⑭ 分别模拟线路瞬时性和永久性短路故障,线路保护整组试验结果正确;

⑮ 线路保护带时标的变位信号(sequence object event,SOE)报文检查,在变电站后台和调度端读取继电保护装置报文的时标和内容是否与继电保护装置发出的报文一致,应注意要采用传动继电保护动作逐一发出单个报文进行检查;

⑯ 线路保护装置 SV 接收软压板、功能软压板及 GOOSE 软压板遥控功能核对,保护远方操作压板正确性及唯一性验证;

⑰ 线路保护顺控逻辑验证,包括信号改跳闸、跳闸改信号;

⑱ 线路保护装置相关 GOOSE 和 SV 光纤二维链路表正确性验证;

⑲ 针对自主可控新一代变电站,还需增加保护装置就地登录身份认证功能、安全审计功能、访问控制检查、关键数据备份与恢复功能和业务逻辑安全性检查;

⑳ 针对自主可控新一代变电站还需增加 GOOSE 双冗余网络开入、开出功能检查及 GOOSE 双冗余网络独立性检查。

任务二　测 控 功 能 调 试

▶【任务描述】

本任务主要讲解智能站改扩建 220kV 线路间隔后线路测控调试的内容。介绍了分析线路测控相关的 23 个调试步骤，增加了冗余后备测控调试内容，并针对自主可控新一代智能变电站，增加了线路测控中的同步相量测量单元（phasor management unit，PMU）检查任务。

▶【知识要点】

多功能测控装置从采集执行单元获取电网量测数据、位置状态、一次设备操作机构异常等数据，并与主辅一体化监控主机、实时网关机、智能故障录波装置等进行通信。

多功能测控集成了测控功能、同步相量测量功能。

冗余后备测控装置（redundant backup measurement and control device）包含多个虚拟测控单元，是当变电站测控装置由于故障或检修退出运行时，能够通过人工或自动投入虚拟测控单元实现电气间隔的测量与控制功能的装置。

虚拟测控单元（virtual measurement and control unit）运行于冗余后备测控装置中的软件模块，采用与按电气间隔配置的变电站测控装置相同的模型、参数和配置等，实现间隔变电站测控装置相同的功能。

220kV 线路测控相关信息流图如图 1-3 所示。

220kV 线路测控相关二次设备包括线路合并单元、智能终端、保护装置，220kV 正母线测控、220kV 副母线测控、220kV 母联测控和公用测控。220kV 线路间隔测控信息流见表 1-3。

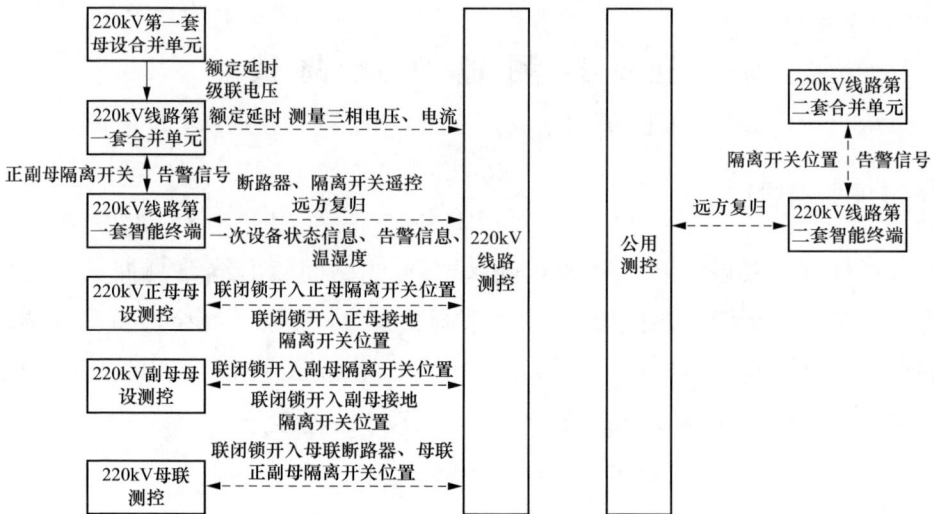

图 1-3　220kV 线路测控相关信息流图

表 1-3　　　　　　　　　　　　220kV 线路间隔测控信息流

装置描述	开入量信号描述	信号来源描述
线路测控	额定延时、三相交流母线电压、同期电压、三相交流电流	第一套合并单元
线路测控	SV 总告警、切换同时动作、切换异常、合并单元对时异常、合并单元告警、合并单元闭锁、检修不一致	第一套合并单元
线路测控	GOOSE 总告警、检修不一致、智能终端对时异常、智能终端告警、智能终端闭锁	第一套智能终端
线路测控	断路器、正副母隔离开关、线路隔离开关、断路器母线侧接地开关、断路器线路侧接地开关、线路接地开关位置、断路器气室告警、断路器气室闭锁、隔离开关气室告警	第一套智能终端
线路测控	断路器隔离开关机构远近控把手、断路器隔离开关解锁/联锁、汇控柜温度、汇控柜湿度	第一套智能终端
线路测控	电机、断路器机构、弹簧未储能、加热照明等告警信号	第一套智能终端
线路测控	控制回路断线、GOOSE 控制块断链告警	第一套智能终端
第一套智能终端	断路器、正副母隔离开关、线路隔离开关、断路器母线侧接地开关、断路器线路侧接地开关、线路接地开关遥控命令、复归	线路测控
线路测控	220kV 正母线接地开关位置互锁双点开入	220kV 正母线测控
220kV 正母线测控	220kV 正母隔离开关位置互锁双点开入	线路测控
线路测控	220kV 副母线接地开关位置互锁双点开入	220kV 副母线测控
220kV 副母线测控	220kV 副母隔离开位置互锁双点开入	线路测控

续表

装置描述	开入量信号描述	信号来源描述
线路测控	220kV母联断路器位置互锁双点开入、220kV母联正母隔离开关位置互锁双点开入、220kV母联副母隔离开关位置互锁双点开入	220kV母联测控
公用测控	SV总告警、切换同时动作、切换异常、合并单元对时异常、合并单元告警、合并单元闭锁、检修不一致	第二套合并单元
公用测控	GOOSE总告警、检修不一致、智能终端对时异常、智能终端告警、智能终端闭锁	第二套智能终端
第二套智能终端	复归	公用测控

》【技术要领】

现场校验分为23个步骤：

① 线路测控装置版本通过国家电网有限公司统一测试核查；

② 线路测控装置整定值核对，检查线路测控装置内定值与变电站数据采集及控制典型参数推荐定值是否一致；

③ 线路测控装置交流分相电流采样值检查、交流分相母线电压采样和同期电压采样检查；

④ 线路测控装置光口发送功率、接收功率、最小接收功率检查；

⑤ 线路测控采集汇控柜温度、湿度等直流量检查；

⑥ 线路测控断路器、正副母隔离开关、线路隔离开关、断路器母线侧接地开关、断路器线路侧接地开关、线路接地开关位置、断路器气室告警、断路器气室闭锁和隔离开关气室告警等开入量检查；

⑦ 线路测控断路器隔离开关机构远近控把手、断路器隔离开关解锁/联锁等开入量检查；

⑧ 线路测控电机、断路器机构、弹簧未储能和加热照明等告警等开入量检查；

⑨ 线路测控第一套合并单元SV总告警、切换同时动作、切换异常、合并单元对时异常、合并单元告警、合并单元闭锁、检修不一致等开入量检查；

⑩ 线路测控第一套智能终端 GOOSE 总告警、检修不一致、智能终端对时异常、智能终端告警、智能终端闭锁等开入量检查；

⑪ 线路测控制回路断线、GOOSE 控制块断链告警信息检查；

⑫ 公用测控第二套合并单元 SV 总告警、切换同时动作、切换异常、合并单元对时异常、合并单元告警、合并单元闭锁、检修不一致等开入量检查；

⑬ 公用测控第二套智能终端 GOOSE 总告警、检修不一致、智能终端对时异常、智能终端告警、智能终端闭锁等开入量检查；

⑭ 线路测控中断路器、隔离开关、接地开关遥控功能核对，测控远方操作压板正确性及唯一性验证；

⑮ 线路测控同期功能验证；

⑯ 线路测控中本间隔隔离开关、接地开关相关防误闭锁逻辑验证；

⑰ 线路测控与 220kV 正、副母线测控相关水平防误闭锁逻辑验证；

⑱ 线路测控与 220kV 母联测控相关水平防误闭锁逻辑验证；

⑲ 线路间隔内一键顺控逻辑验证，包括正母运行、副母运行、热备用和冷备用状态切换验证；

⑳ 线路第一套智能终端上远近控切换把手，断路器、隔离开关和接地开关遥控合分闸出口硬压板唯一性和正确性验证；

㉑ 冗余后备测控装置中该改扩建间隔虚拟测控单元相关交流电气量采集、状态量采集、GOOSE 模拟量采集、同期功能、逻辑闭锁功能和控制功能验证；

㉒ 冗余后备测控自动投退功能验证；

㉓ 针对新一代自主可控智能变电站线路多功能测控装置中 PMU 功能检查。

任务三　合并单元功能调试

》【任务描述】

本任务主要讲解智能站改扩建 220kV 线路间隔后的线路合并单元调试

内容。分析了线路合并单元相关的 12 个调试步骤。并针对自主可控新一代智能变电站增加了采集执行单元调试说明，进一步分析了新一代智能变电站中线路采集执行单元检查任务。

➤【知识要点】

合并单元是用以对来自二次转换器的电流和/或电压数据进行时间相关组合的物理单元。合并单元可以是互感器的一个组件，也可以是一个分立单元。

自主可控新一代智能变电站采集执行单元（acquisition execution unit）与一次设备采用电缆或光纤连接，对来自一次设备的模拟信号及状态信号进行采集处理，并通过 SV 及 GOOSE 方式上送，响应对一次设备的控制命令并通过硬接点方式出口，执行对一次设备（如互感器、断路器、隔离开关、变压器等）的测量、控制等功能。

➤【技术要领】

现场校验分为 12 个步骤：

① 线路间隔两套合并单元装置版本通过国家电网有限公司统一测试核查；

② 线路间隔两套合并单元光口发送功率、接收功率、最小接收功率检查；

③ 线路间隔两套合并单元 SV 报文丢帧率、完整率、发送频率和发送间隔离散度检查；

④ 线路间隔两套合并单元交流模拟量幅值误差和相位误差检查；

⑤ 线路间隔两套合并单元谐波对准确度的影响检验；

⑥ 线路间隔两套合并单元采样值报文响应时间测试；

⑦ 线路间隔两套合并单元同步性能测试；

⑧ 线路间隔两套合并单元电压级联功能测试；

⑨ 线路间隔两套合并单元电压切换功能测试；

⑩ 线路间隔两套合并单元电流回路一点接地和回阻测量；

⑪ 针对自主可控新一代智能变电站采集执行单元除上述①～⑩调试步骤外，还应增加单套线路合并单元级联两套220kV母设合并单元交流母线电压无缝切换功能检查；

⑫ 针对自主可控新一代智能变电站采集执行单元级联电压切换把手功能测试。

任务四 智能终端功能调试

》【任务描述】

本任务主要讲解智能站改扩建220kV线路间隔后线路智能终端调试内容。分析了线路智能终端相关11个调试步骤并针对自主可控新一代智能变电站，增加了采集执行单元调试说明。

》【知识要点】

智能终端是与一次设备采用电缆连接，与保护、测控等二次设备采用光纤连接，实现对一次设备（如断路器、隔离开关等）的测量、控制等功能的一种装置。

》【技术要领】

现场校验分为13个步骤：

① 线路间隔两套智能终端装置版本通过国家电网有限公司统一测试核查；

② 线路间隔两套智能终端装置光口发送功率、接收功率、最小接收功率检查；

③ 线路间隔两套智能终端与保护装置的整组功能检验；

④ 线路间隔两套智能终端与测控装置的整组功能检验；

⑤ 线路间隔两套智能终端 GOOSE 报文接收和发送检验；

⑥ 线路间隔两套智能终端开关量输入动作是否电压满足 55%～70%要求，事件记录时间是否满足 1ms 分辨率测试；

⑦ 线路间隔两套智能终端从接收到保护跳闸、合闸 GOOSE 命令到继电器触点出口动作时间是否小于等于 5ms 测试；

⑧ 线路间隔两套智能终端防跳及三相不一致功能测试；

⑨ 线路间隔两套智能终端中与断路器合闸线圈和控制器相连接的电压型继电器启动电压不应大于 0.7 倍额定电压，且不小于 0.55 倍额定电压，电流型继电器启动电流不应大于 0.5 倍额定电流对于上述指标是否满足进行测试；

⑩ 线路间隔两套智能终端保护跳闸、重合闸、断路器及隔离开关遥控出口连接片功能测试；

⑪ 线路间隔两套智能终端相互闭锁重合闸功能及出口压板验证；

⑫ 线路间隔两套智能终端出口硬压板应采用双联压板，并进行双联压板遥信信号上送监控后台信息核对；

⑬ 针对自主可控新一代智能变电站采集执行单元按照①～⑫步骤进行调试。

任务五　220kV 母线保护配置修改及相关虚回路验证

》【任务描述】

本任务主要讲解智能站改扩建 220kV 线路间隔后，220kV 母线保护相关调试内容。分析了 220kV 母线保护与新扩建线路间隔相关 11 个调试步骤，并针对自主可控新一代智能变电站，增加了 GOOSE 双网冗余网络调试说明。

》【知识要点】

当 220kV 母线保护动作跳本线路间隔断路器时，线路保护接收母线保护动作开入后发远跳命令给对侧线路保护，由对侧线路保护经就地判据跳开本线路对侧断路器。220kV 线路保护动作同时给 220kV 母线保护发分相启动失灵 GOOSE 开入，当母线失灵保护电流判据满足动作条件时，母线失灵保护动作跳开该失灵开关所在母线上所有其他间隔断路器。

母线保护最大化配置，即下装配置文件时，应完成母线保护所有支路（包括备用支路）输入虚端子的配置工作并验证其正确性，其中备用支路可选用任一厂家相应类型的标准化 ICD 模型文件。后续改扩建工程中不再修改或重新下装母线保护的配置文件，母线保护不需要和运行间隔进行传动验证，仅需要和改扩建间隔进行传动验证。

线路间隔与 220kV 母线保护联动试验安全措施及注意事项：

（1）原母线保护配置文件备份，投检修压板，退 GOOSE 发送软压板，拔除运行间隔跳闸光纤及组网光纤。

（2）与运行线路间隔联动实验：线路保护改信号，退运行间隔对应智能终端出口硬压板，退出至另外一套智能终端闭锁重合闸出口硬压板，投入智能终端检修状态硬压板，投入线路保护检修状态硬压板，取下线路纵联差动保护光纤，退出线路保护 GOOSE 跳闸、启动失灵发送软压板，取下线路保护至智能终端光纤，退 220kV 线路第一套智能终端出口硬压板，退出至另外一套智能终端闭锁重合闸出口硬压板，投入智能终端检修状态硬压板。

为规范智能变电站新、改扩建工程中继电保护和安全自动装置虚回路配置与验证技术，提高改扩建工作效率，降低现场调试作业风险，减少一次设备陪停和二次设备投退操作，国网浙江电力自 2020 年起先后开展了继电保护虚回路镜像模拟传动技术与标准化配置文件应用。

改扩建智能变电站母线保护未实现最大化配置的智能变电站实施改扩建时，需修改相应母线保护的配置文件。为确保母线保护配置文件修改后与运行间隔不再进行实际传动验证，应先通过可视化比对改扩建前后两个 SCD 文件，确认母线保护与运行间隔的虚回路连接未发生变化，再通过光数字继电保护测试仪模拟运行间隔进行两步比对法验证。

改扩建智能变电站母线保护已实现最大化配置的智能变电站实施改扩建时，母线保护不需要和运行间隔进行传动验证，仅需要和改扩建间隔进行传动验证。

两步对比法：①第一步，在母线保护配置未改动的情况下，由光数字式继电保护测试仪使用原SCD文件模拟运行设备，与母线保护进行虚回路传动，验证该测试仪是否能正确模拟各运行设备；②第二步，母线保护下装新配置文件，比对母线保护过程层虚端子CRC校验码与SCD文件对应间隔的CRC校验码一致后，用通过原SCD配置文件验证的测试仪模拟运行间隔，来验证配置文件更改后的母线保护与相关运行间隔虚回路的正确性。

【技术要领】

通过扫描右侧二维码可观看220kV线路间隔与220kV母差相关功能和二次回路验证视频。

现场校验分为11个步骤：

① 220kV母线保护版本通过国家电网有限公司统一测试核查，满足国家电网有限公司技术规范，进一步检查是否采用浙江电网标准化保护及辅助装置ICD模型文件，是否满足最大化配置要求；

② 220kV母线保护中该新扩建间隔交流分相电流采样值检查，间隔接收软压板正确性及唯一性验证；

③ 220kV母线保护正、副母隔离开关位置开入量检查；

④ 220kV母线保护大差、正母小差和副母小差幅值检查；

⑤ 220kV母线保护与该扩间隔智能终端闭重三跳回路和GOOSE跳闸发布软压板正确性验证；

⑥ 220kV母线保护与该扩间隔线路保护启动远方跳闸、闭锁重合闸和分相启动失灵相关虚回路和GOOSE发布订阅软压板正确性验证；

⑦ 220kV母线保护与该扩间隔线路保护、合并单元和智能终端检修机

制验证；

⑧ 220kV 母线保护一键顺控逻辑验证；

⑨ 220kV 母线保护与该新扩间隔相关 GOOSE 和 SV 二维链路表正确性验证；

⑩ 220kV 母线保护与运行间隔相关功能和回路验证，当现场母线保护已实现最大化配置，不再需要与运行间隔进行传动验证；当现场母线保护未实现"最大化配置"，应先通过可视化比对改扩建前后两个 SCD 文件，确认母线保护与运行间隔的虚回路连接未发生变化，再采用两步对比法验证修改配置后的母线保护与相关运行间隔虚回路的正确性；

⑪ 针对自主可控新一代变电站，还需要增加 GOOSE 双网冗余网络检查和 GOOSE 双网冗余网络相互独立性检查。

任务六　厂站内监控后台三遥信息核对

≫【任务描述】

本任务主要讲解智能站改扩建 220kV 线路间隔后，厂站内监控后台相关调试内容。分析了厂站内监控后台相关 16 个调试步骤。

≫【知识要点】

应在工厂调试或者集成测试阶段，完成各类设备模型及系统功能的组态配置，完成设备匹配能力与网络性能检验并验收合格，验收资料应完整。

合并单元、智能终端、时间同步装置等二次设备的单体功能性能测试宜在工厂调试或者集成测试阶段实施。

≫【技术要领】

现场校验分为 16 个步骤：

① 厂站内监控主机中新扩线路间隔相关 SCD 文件配置的检查；

② 厂站内监控主机中新扩线路间隔画面及配置检查，包括画面索引、光字牌图、主接线图、间隔分图、应用功能分图、二次设备状态监视图、监控系统网络通信状态图等；

③ 厂站内监控主机中新扩线路间隔画面标识正确，设备命名正确，图元含义清晰；

④ 厂站内监控主机中新扩线路间隔中相关二次设备的 MMS、GOOSE、SV 通信状态展示界面正确，模拟关联设备之间的 GOOSE、SV 通信状态断链和恢复，检查监控主机应能正确显示设备 GOOSE、SV 通信状态，模拟关联设备之间的 MMS 单网中断、双网中断，检查监控主机应能正确显示设备 MMS 网络的通信状态，且 MMS 双网的通信状态对应显示正确；

⑤ 厂站内监控主机与线路间隔交流母线电压、线路电压、电流、汇控柜温/湿度等遥测信息核对；

⑥ 厂站内监控主机与线路间隔一次设备相关遥信信息核对；

⑦ 厂站内监控主机与线路间隔内保护装置、测控装置、交换机、合并单元和智能终端等二次设备相关遥信信息核对；

⑧ 厂站内监控主机与线路间隔断路器、隔离开关、接地开关等一次设备相关遥控信息核对；

⑨ 厂站内监控主机中该新扩间隔同期操作功能和强制合闸功能正确性验证；

⑩ 厂站内监控主机与线路间隔保护装置软压板等二次设备相关遥控信息核对，对间隔层设备软压板进行投退遥控操作，检查监控主机界面显示软压板状态与设备实际状态一致；

⑪ 厂站内监控主机中该线路间隔相关一键顺控票正确性验证；

⑫ 厂站内监控主机中该线路间隔一键更名功能验证；

⑬ 厂站内监控主机中该线路间隔保护相关定值调阅与修改功能验证；

⑭ 厂站内监控主机中该线路间隔保护录波调阅功能验证；

⑮ 厂站内监控主机中该线路间隔保护装置、智能终端的保持型信号远方复归功能测试；

⑯ 厂站内监控主机中新扩线路间隔相关防误闭锁逻辑验证，包括独立五防机或嵌入式五防机防误闭锁逻辑验证，宜具备防误逻辑可视化展示与实时校核功能。

任务七　调控中心三遥信息核对

▷▷【任务描述】

本任务主要讲解智能站改扩建 220kV 线路间隔后主站相关调试内容。分析了主站相关的 6 个调试步骤。

▷▷【知识要点】

数据通信网关机是一种通信装置，可实现变电站与调度、生产等主站系统之间的通信，为主站系统实现变电站监视控制、信息查询和远程浏览等功能提供数据、模型和图形的传输服务。

▷▷【技术要领】

现场校验分为 6 个步骤：

① 检修人员对新编制的扩建线路间隔相关信息点表（地调和省调信息表）内容进行审核，检查该信息表与站内相关设备运行功能及遥信、遥测、遥控、告警直传、远程浏览等参数配置，是否一致符合设计要求；

② 检查数据通信网关机中新扩线路间隔相关三遥信息转发表（地调和省调转发表）；

③ 检查数据通信网关机与间隔层设备的 MMS 通信状态正常；

④ 调控中心与线路间隔交流母线电压、线路电压、电流、有功功率、无功功率和功率因数、温湿度等遥测信息核对；

⑤ 检查在相应调控中心以及各主站系统遥信量的正确性；

⑥ 检查在相应调控中心进行控制操作的正确性

任务八 其 他 功 能 调 试

》【任务描述】

本任务主要讲解智能站改扩建 220kV 线路间隔后，电能表、故障录波器、网络报文记录分析仪、在线监测装置、保护信息管理机和电能质量监测装置等设备调试内容。

》【技术要领】

其他功能调试分为 5 个步骤：

① 线路电能表和电能质量监测装置采样值检查；

② 网络报文分析仪报文分析功能、异常报文分析与记录功能、连续记录报文功能和报文召唤功能检查；

③ 故障录波器采样值检查、开关输入量检查、定值修改及核对；

④ 在线监测装置检查，应能从保护装置正确取得保护动作、告警、在线监测、状态变位和中间节点五大类信息，并能从测控取得状态监测、自检告警和通信工况信息，能够从交换机取得状态监测、自检告警和端口信息，并能取得以上装置识别代码、软件版本和设备过程层虚端子配置 CRC 码；

⑤ 保护信息管理机检查，包括采样值、开关输入量、定值、软压板状态和录波文件检查，并且保护信息管理机主站应能正确调取厂站内保护信息管理机相关信息。

任务九 自主可控新一代变电站改扩建 220kV 线路间隔配置及在线运维管控工具检查

》【任务描述】

本任务主要讲解自主可控新一代智能站改扩建 220kV 线路间隔后，

SCD 配置及在线运维管控工具等设备调试内容。

》【知识要点】

在线运维管控工具用于自主可控新一代变电站建设调试、验收、运维、技改、改扩建过程中配置文件的统一配置、统一出口，保证配置文件操作、流转的唯一性，部署在综合应用主机并符合综合应用主机相关技术要求，应支持导入、导出操作前后模型文件中私有属性信息不丢失、不篡改。

》【技术要领】

SCD 配置及设备调试分为 4 个步骤：

① SCD 配置及在线运维管控工具向基础平台发送权限认证请求，检查管控工具中 220kV 线路保护、测控装置配置文件导入导出功能是否完善；

② SCD 配置及在线运维管控工具向基础平台发送权限认证请求，检查管控工具中 220kV 线路保护、测控装置下装 CID 文件和 CCD 文件功能是否完善；

③ 检查 SCD 配置及在线运维管控工具中 220kV 线路保护、测控装置申请版本管理及校验功能是否完善；

④ 检查 SCD 配置及在线运维管控工具进行 SCD 配置、校验功能、模型导出、版本管理等操作时，需要向基础平台申请登录校验，相应流程是否规范。

任务十 自主可控新一代变电站改扩建 220kV 线路间隔 GOOSE 双冗余网络检查

》【任务描述】

本任务主要讲解针对自主可控新一代智能站改扩建 220kV 线路间隔后，线路保护 GOOSE 双网冗余网络检查验证内容。

》【知识要点】

保护装置应支持站控层双网冗余连接方式，冗余连接应使用同一报告实例号。

》【技术要领】

GOOSE双冗余网络检查分为4个步骤：

① 针对自主可控新一代变电站需要增加GOOSE双网冗余网络检查，拔除站控层AⅠ（BⅠ）网组网光纤，投入线路保护启动失灵GOOSE发送软压板，采用手持式测试仪接收站控层AⅠ（BⅠ）网报文，检查组网开出功能（分相启动失灵）是否正常；

② 自主可控新一代变电站GOOSE双网冗余网络检查，用手持式测试仪模拟母线保护装置发送启动远方跳闸报文给线路保护装置，检查站控层AⅠ（BⅠ）网组网接收功能（启动远方跳闸）是否正常。

③ 自主可控新一代变电站GOOSE双网冗余网络检查，拔除站控层AⅡ（BⅡ）网组网光纤，投入线路保护启动失灵GOOSE发送软压板，采用手持式测试仪接收站控层AⅡ（BⅡ）网报文，检查组网开出功能（分相启动失灵）是否正常；

④ 自主可控新一代变电站GOOSE双网冗余网络检查，用手持式测试仪模拟母线保护装置发送启动远方跳闸报文给线路保护装置，检查站控层AⅡ（BⅡ）网组网接收功能（启动远方跳闸）是否正常。

任务十一　自主可控新一代变电站改扩建220kV 线路间隔GOOSE双冗余网络独立性检查

》【任务描述】

本任务主要讲解针对自主可控新一代智能站改扩建220kV线路间隔

后，线路保护 GOOSE 双网冗余网络独立性检查验证内容。

》【知识要点】

站控层 GOOSE 网络应冗余配置并按照功能相对隔离，应采取措施防止任一网络异常影响其他网络。

》【技术要领】

GOOSE 双冗余网络独立性检查应分为两个步骤：

① 站控层 AⅠ（BⅠ）网和 AⅡ（BⅡ）网独立性验证，取下线路保护站控层 AⅠ（BⅠ）网组网口光纤，检查站控层 AⅠ（BⅠ）网交换机、母线保护装置是否均为 AⅠ（BⅠ）网组网口断链告警；

② 站控层 AⅠ（BⅠ）网和 AⅡ（BⅡ）网独立性验证，取下线路保护站控层 AⅡ（BⅡ）网组网口光纤，检查站控层 AⅡ（BⅡ）网交换机、母线保护装置是否均为 AⅡ（BⅡ）网组网口断链告警。

》【典型案例】

1　案例描述

本部分完善 220kV 新线路间隔相关保护及自动化设备，重点完成间隔内保护功能调试及虚回路验证、相关联的 220kV 母线保护配置修改、与新扩间隔及运行间隔的联动试验。

2　过程分析

（1）不停电阶段。改扩建 220kV 线路间隔，在不停电阶段主要完成全站 SCD 配置文件修改，新线路间隔相关光缆敷设、二次电缆接线，监控后台画面、数据库、五防误闭锁、顺控票、光纤二维链路表制作，单间隔保护、合并单元、智能终端调试，远动参数修改、三遥信息核对，新线路间隔接入保护管理机、故障录波器、网络分析仪和在线监测装置。完成新线路间隔五防闭锁逻辑及顺控逻辑验证。

（2）停电阶段。在停电阶段需要完成 220kV 第一、二套母线保护相关配置文件下装，变比和描述等相关参数修改，分相电流、隔离开关位置开入、启动失灵和闭重三跳等相关虚回路验证。220kV第一、二套母线保护与其他运行间隔采用不停电扩建验证方式，利用同型号智能终端，将运行间隔智能终端配置文件下装到该试验智能终端中，利用试验智能终端验证修改配置文件后的220kV母线保护与运行间隔相关二次虚回路。220kV第一、二套母线保护顺控逻辑验证。

220kV母联测控相关倒母逻辑验证。

保护管理机、故障录波器、网络报文分析仪和在线监测相关配置文件修改，定值修改，虚回路验证。

新扩线路间隔保护带负荷试验，220kV第一、二套母线保护带负荷试验。

3 结论建议

新扩线路间隔保护带负荷试验，220kV第一、二套母线保护带负荷试验，带负荷试验结果正确后方可投运。

项目二

220kV智能变电站改扩建110kV线路间隔

≫ 【项目描述】

本项目主要讲解智能变电站改扩建 110kV 线路间隔保护和自动化设备相关功能和二次虚回路调试等内容。通过讲解 110kV 线路间隔保护及自动化设备知识点和技术要领，结合典型案例分析，使读者了解 110kV 新线路间隔扩建保护及自动化设备调试流程，熟悉新线路间隔扩建保护功能原理和相关二次虚回路等内容，掌握改扩建 110kV 线路间隔保护及自动化设备调试技能。220kV 智能变电站改扩建 110kV 线路间隔主接线示意图如图 2-1 所示。

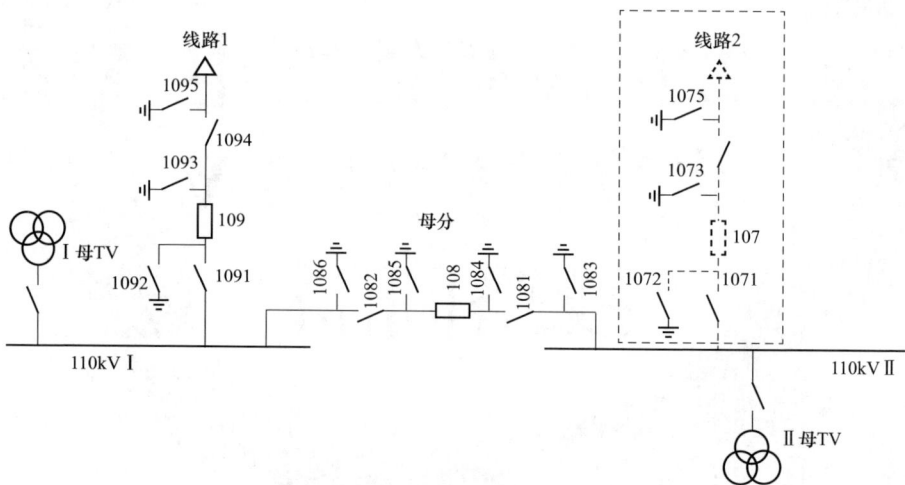

图 2-1　220kV 智能变电站改扩建 110kV 线路间隔主接线示意图

任务一　保护功能调试

≫ 【任务描述】

本任务主要介绍智能站改扩建 110kV 线路间隔后，线路保护调试的内容，主要分析线路保护相关的 17 个调试步骤。

>> 【知识要点】

对于110kV新线路间隔扩建，首先要掌握全站系统配置文件的制作，注意不能改变原有IED设备的MAC及通信地址，检查新扩间隔内保护、合并单元、智能终端的虚端子表是否正确，相关联的IED设备包括110kV母线保护、110kV母设合并单元。本间隔的重点调试任务包括各组电流回路绕组变比的确认、保护检验、检修机制、防跳试验等，自动化调试重点包括三遥信息核对、测控参数的设置、母线测控防误逻辑修改，母线保护配置修改，与新老间隔的保护、智能终端搭接联动等。

110kV线路间隔相关信息流图如图2-2所示。

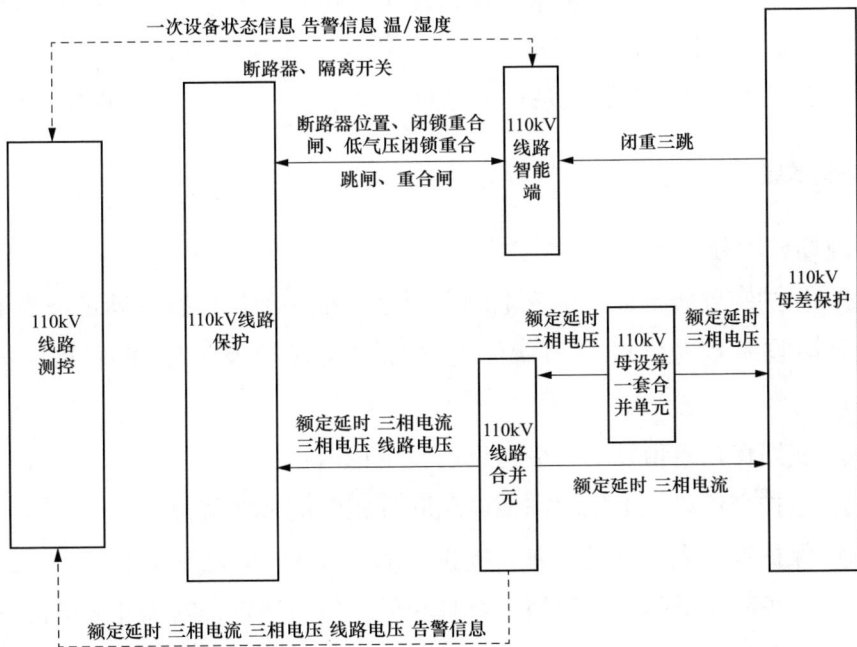

图2-2　110kV线路间隔信息流图

110kV线路保护相关二次设备包括本间隔内合并单元、智能终端及线路保护，单套测控装置，相关联的110kV母线保护、110kV母设合并单元。110kV线路间隔保护信息流见表2-1。

表 2-1　　　　　　　　　　110kV 线路间隔保护信息流

装置名称	开入量信号描述	信号来源
110kV 线路智能终端	ABC 相跳闸开入	110kV 线路保护
110kV 线路智能终端	重合闸开入	110kV 线路保护
110kV 线路保护	通道延时、A、B、C 相保护电流 1、A、B、C 相保护电流 2 三相交流母线电压、同期电压	110kV 线路合并单元
110kV 线路合并单元	通道延时、A、B、C 相保护电压 1、A、B、C 相保护电压 2、计量电压	110kV 母线第一套合并单元

现场勘察注意事项：①110kV 母设合并单元级联电压备用光口是否充足；②新上二次设备所需直流电源空气开关是否充足；③110kV 母线保护是否满足浙江电网标准化保护及辅助装置配置要求；④110kV 中心交换机备用光口是否充足；⑤站控层交换机备用网口是否充足；⑥相关联设备如故障录波器、保护信息管理机、网络分析仪、在线监测装置等装置型号；⑦对时装置备用光口是否充足；⑧注意屏位布置，是否需要停役相关设备。

≫【技术要领】

现场校验分为 17 个步骤：

① 保护装置版本通过国家电网有限公司统一测试核查，满足国家电网有限公司技术规范，应采用浙江电网标准化保护及辅助装置 ICD 模型文件；

② 线路保护定值核对，应与调度整定单内容一致；

③ 保护交流母线电压、同期电压和分相电流采样值检查；

④ 保护装置光口发送功率、接收功率、最小接收功率检查；

⑤ 保护断路器位置、闭锁重合闸和低气压闭锁重合闸等开入量检查；

⑥ 线路保护 SV 接收、GOOSE 发送、保护元件功能等软压板遥控投退一一对应测试，保护远方操作压板正确性及唯一性验证；

⑦ 线路距离保护定值校验、时间测试；

⑧ 线路零序保护定值校验、时间测试；

⑨ 线路重合闸时间测试；

⑩ 线路防跳功能测试;

⑪ 线路间隔检修机制验证（同 220kV 线路间隔）;

⑫ 线路保护 SV 收软压板、GOOSE 发送软压板和智能终端出口硬压板唯一性和正确性验证;

⑬ 保护装置功能软压板及 GOOSE 软压板遥控功能核对，保护远方操作压板正确性及唯一性验证;

⑭ 线路保护 SOE 报文检查，在变电站后台和调度端读取继电保护装置报文的时标和内容是否与继电保护装置发出的报文一致，应注意要采用传动继电保护动作逐一发出单个报文进行检查;

⑮ 线路保护顺控逻辑验证，包括信号改跳闸、跳闸改信号;

⑯ 线路保护装置相关 GOOSE 和 SV 光纤二维链路表正确性验证;

⑰ 模拟线路 A 相瞬时性短路故障，线路保护三相跳闸及三相重合整组试验正确。

任务二 测控功能调试

◆【任务描述】

本任务主要讲解智能站改扩建 110kV 线路间隔后线路测控调试的内容，主要分析线路测控相关的 19 个调试步骤，并针对自主可控新一代智能变电站，增加多功能线路测控中 PMU 检查任务。

◆【知识要点】

数字测控装置（digtal measurement and control device）支持 DL/T 860.92《变电站通信网络和系统 第 9-2 部分：特定通信服务映射（SCSM）映射到 ISO/IES 8802-3 的采样值》的数字采样，采用 GOOSE 报文接收断路器量信号，支持 GOOSE 报文输出控制出口的测控装置。110kV 线路测控相关信息流图如图 2-3 所示。

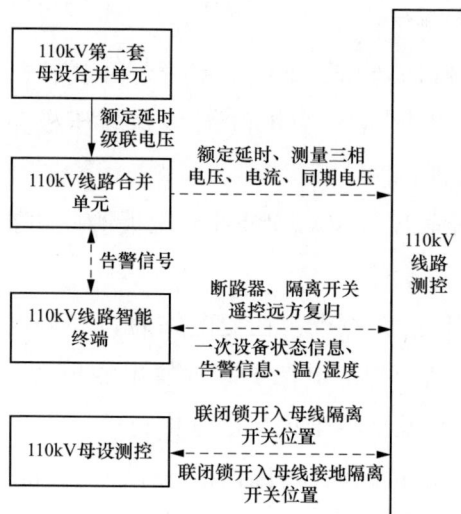

图 2-3　110kV 线路测控相关信息流图

110kV 线路测控相关二次设备包括合并单元、智能终端、保护装置，110kV 母线测控装置。110kV 线路间隔测控信息流见表 2-2。

表 2-2　　　　　　　　　　　　　110kV 线路间隔测控信息流

装置描述	开入量信号描述	信号来源描述
线路测控	额定延时、三相交流母线电压、零序电压、同期电压、三相交流电流	合并单元
线路测控	SV 总告警、合并单元对时异常、合并单元告警、合并单元闭锁、检修不一致	合并单元
线路测控	GOOSE 总告警、检修不一致、智能终端对时异常、智能终端告警、智能终端闭锁	智能终端
线路测控	断路器、母线隔离开关、线路隔离开关、断路器母线侧接地开关、断路器线路侧接地开关、线路接地开关位置、断路器气室告警、断路器气室闭锁、隔离开关气室告警	智能终端
线路测控	断路器隔离开关机构远近控把手、断路器隔离开关解锁/联锁、汇控柜温度、汇控柜湿度	智能终端
线路测控	电机电源故障、断路器机构、弹簧未储能、加热照明等告警信号	智能终端
线路测控	控制回路断线、GOOSE 控制块断链告警	智能终端
智能终端	断路器、母线隔离开关、线路隔离开关、断路器母线侧接地开关、断路器线路侧接地开关、线路接地开关遥控命令、远方复归	线路测控
线路测控	110kV 母线接地开关位置互锁双点开入	110kV 母线测控
110kV 母线测控	110kV 母线隔离开关位置互锁双点开入	线路测控

【技术要领】

现场校验分为 19 个步骤：

① 线路测控装置版本通过国家电网有限公司统一测试核查；

② 线路测控装置整定值核对，检查线路测控装置内定值与变电站数据采集及控制典型参数推荐定值是否一致；

③ 线路测控装置交流分相电流采样值检查、交流分相母线电压采样、线路电压采样检查；

④ 线路测控装置光口发送功率、接收功率、最小接收功率检查；

⑤ 线路测控汇控柜温度、汇控柜湿度等直流量检查；

⑥ 线路测控断路器、母线隔离开关、线路隔离开关、断路器母线侧接地开关、断路器线路侧接地开关、线路接地开关位置、断路器气室告警、断路器气室闭锁、隔离开关气室告警等开入量检查；

⑦ 线路测控断路器隔离开关机构远近控把手、断路器隔离开关解锁/联锁等开入量检查；

⑧ 线路测控隔离开关电机电源故障、隔离开关控制电源故障、断路器弹簧未储能、加热照明等告警等开入量检查；

⑨ 线路测控合并单元 SV 总告警、GOOSE 总告警、合并单元对时异常、合并单元告警、合并单元闭锁和检修不一致等开入量检查；

⑩ 线路测控智能终端 GOOSE 总告警、检修不一致、智能终端对时异常、智能终端告警、智能终端闭锁等开入量检查；

⑪ 线路测控控制回路断线、GOOSE 控制块断链告警信息检查；

⑫ 线路测控中断路器、隔离开关、接地开关遥控功能核对，测控远方操作压板正确性及唯一性验证；

⑬ 线路测控同期功能验证；

⑭ 线路测控中本间隔隔离开关、接地开关相关防误闭锁逻辑验证；

⑮ 线路测控与 110kV 母线测控相关水平防误闭锁逻辑验证；

⑯ 线路间隔内顺控逻辑验证，包括运行、热备用和冷备用状态切换

验证；

⑰ 智能终端上远近控切换把手，断路器、隔离开关和接地开关遥控合分闸出口硬压板唯一性和正确性验证；

⑱ 线路测控参数定值核验；

⑲ 针对新一代自主可控智能变电站线路多功能测控装置中 PMU 的功能检查。

任务三　合并单元功能调试

》【任务描述】

本任务主要讲解智能站改扩建110kV线路间隔后的线路合并单元调试内容，主要分析线路合并单元相关 9 个调试步骤，并针对自主可控新一代智能变电站，增加了采集执行单元调试说明步骤⑩和步骤⑪，进一步分析了新一代智能变电站中线路采集执行单元检查任务。

》【知识要点】

合并单元是用以对来自二次转换器的电流、电压数据进行时间相关组合的物理单元。合并单元可以是互感器的一个组件，也可以是一个分立单元。

》【技术要领】

现场校验分为 11 个步骤：

① 线路间隔合并单元装置版本通过国家电网有限公司统一测试核查；

② 线路间隔合并单元光口发送功率、接收功率、最小接收功率检查；

③ 线路间隔合并单元 SV 报文丢帧率、完整率、发送频率和发送间隔离散度检查；

④ 线路间隔合并单元交流模拟量幅值误差和相位误差检查；

⑤ 线路间隔合并单元谐波对准确度的影响检验；

⑥ 线路间隔合并单元采样值报文响应时间测试；

⑦ 线路间隔合并单元同步性能测试；

⑧ 线路间隔合并单元电压级联功能测试；

⑨ 线路电流回路一点接地和回阻测量；

⑩ 针对自主可控新一代智能变电站采集执行单元，除上述①～⑨步骤外，还应增加单套线路合并单元级联两套110kV母设合并单元电压无缝切换功能检查；（可选）

⑪ 针对自主可控新一代智能变电站采集执行单元，增加级联电压切换把手功能测试。（可选）

任务四　智能终端功能调试

≫【任务描述】

本任务主要讲解智能站改扩建110kV线路间隔后，线路智能终端的调试内容。分析线路智能终端相关10个调试步骤，并针对自主可控新一代智能变电站，增加了采集执行单元调试说明。

≫【知识要点】

智能终端是指与一次设备采用电缆连接，与保护、测控等二次设备采用光纤连接，实现对一次设备（如断路器、隔离断路器、变压器等）的测量、控制等功能的一种装置。

≫【技术要领】

现场校验分为13个步骤：

① 线路间隔智能终端装置版本通过国家电网有限公司统一测试核查；

② 线路间隔智能终端光口发送功率、接收功率和最小接收功率检查；

③ 线路间隔智能终端与保护装置的整组功能检验；

④ 线路间隔智能终端与测控装置的整组功能检验；

⑤ 线路间隔智能终端 GOOSE 报文接收和发送检验；

⑥ 线路间隔智能终端断路器量输入动作是否电压满足 55％～70％ 要求，事件记录时间是否满足 1ms 分辨率测试；

⑦ 线路间隔智能终端从接收到保护跳闸、合闸 GOOSE 命令到继电器触点出口动作时间不应大于 5ms 测试；

⑧ 线路间隔智能终端防跳功能测试；

⑨ 线路间隔智能终端中与断路器合闸线圈和控制器相连接的电压型继电器启动电压不应大于 0.7 倍额定电压，且不小于 0.55 倍额定电压，电流型继电器启动电流不应大于 0.5 倍额定电流检验；

⑩ 线路间隔智能终端保护跳闸、重合闸、断路器及隔离开关遥控出口连接片功能测试；

⑪ 线路间隔智能终端出口连接片功能测试；

⑫ 线路间隔智能终端出口硬压板应采用双联压板，并进行双联压板遥信信号上送监控后台信息核对；

⑬ 针对自主可控新一代智能变电站采集执行单元，按照①～⑫步骤进行调试。

任务五　110kV 母线保护配置修改及相关虚回路验证

≫【任务描述】

本任务主要讲解智能站改扩建 110kV 线路间隔后，110kV 母线保护相关的调试内容。分析了 110kV 母线保护与新扩建线路间隔相关 8 个调试步骤。

≫【知识要点】

母线保护最大化配置，即下装配置文件时，应完成母线保护所有支路

（包括备用支路）输入虚端子的配置工作，并验证其正确性，其中备用支路可选用任一厂家相应类型的标准化 ICD 模型文件。后续改扩建工程中不再修改或重新下装母线保护的配置文件。母线保护不需要和运行间隔进行传动验证，仅需要和改扩建间隔进行传动验证。

自主可控新一代智能变电站 110kV 母线保护应支持改扩建前后过程层配置信息的比对，计算改扩建前后母线保护发送虚端子的 CRC 校验码以及母线保护各个支路接收控制块 CRC 校验码，比对改扩建前后的 CRC 校验码，一致则提示用户配置一致，若不一致则提示用户母线保护发送或接收虚端子相关配置发生变化。

为规范智能变电站新、改扩建工程中继电保护和安全自动装置虚回路配置与验证技术，提高改扩建工作效率，降低现场调试作业风险，减少一次设备陪停和二次设备投退操作，国网浙江电力自 2020 年起先后开展了继电保护虚回路镜像模拟传动技术与标准化配置文件应用。

改扩建智能变电站母线保护未实现最大化配置的智能变电站实施改扩建时，需修改相应母线保护的配置文件。为确保母线保护配置文件修改后与运行间隔不再进行实际传动验证，应先通过可视化比对改扩建前后两个 SCD 文件，确认母线保护与运行间隔的虚回路连接未发生变化，再通过光数字继电保护测试仪模拟运行间隔，进行两步比对法验证。

改扩建智能变电站母线保护已实现最大化配置的智能变电站实施改扩建时，母线保护不需要和运行间隔进行传动验证，仅需要和改扩建间隔进行传动验证。

两步对比法：①第一步，在母线保护配置未改动的情况下，由光数字式继电保护测试仪使用原 SCD 文件模拟运行设备，与母线保护进行虚回路传动，验证该测试仪能够正确模拟各运行设备；②第二步，母线保护下装新配置文件，比对母线保护过程层虚端子 CRC 校验码与 SCD 文件对应间隔的 CRC 校验码一致后，用通过原 SCD 配置文件验证的测试仪模拟运行间隔，来验证配置文件更改后的母线保护与相关运行间隔虚回路的正确性。

》【技术要领】

通过扫描右侧二维码可观看 110kV 线路间隔与 110kV 母差相关功能和二次回路验证视频。

现场校验分 8 个步骤：

① 110kV 母线保护版本通过国家电网有限公司统一测试核查，满足国家电网有限公司技术规范，进一步检查是否采用浙江电网标准化保护及辅助装置 ICD 模型文件，是否满足最大化配置要求；

② 110kV 母线保护中该新扩建间隔交流分相电流采样值检查，检查母线保护该支路分相电流采样幅值和相位正确性；

③ 110kV 母线保护大差、Ⅰ母小差和Ⅱ母小差幅值检查；

④ 110kV 母线保护与该扩间隔智能终端 GOOSE 跳闸发布软压板唯一性和正确性验证；

⑤ 110kV 母线保护与该扩间隔合并单元和智能终端检修机制验证；

⑥ 110kV 母线保护对应该新扩间隔相关顺控逻辑验证；

⑦ 110kV 母线保护与该新扩间隔相关 GOOSE 和 SV 二维链路表验证；

⑧ 110kV 母线保护与运行间隔相关功能和回路验证，当现场母线保护已实现最大化配置，不再需要与运行间隔进行传动验证，当现场母线保护未实现最大化配置，应先通过可视化比对改扩建前后两个 SCD 文件，确认母线保护与运行间隔的虚回路连接未发生变化，再采用两步对比法验证修改配置后的母线保护与相关运行间隔虚回路的正确性。

任务六　厂站内监控后台三遥信息核对

》【任务描述】

本任务主要讲解智能站改扩建 110kV 线路间隔后厂站内监控后台的相关调试内容。分析了厂站内监控后台相关的 16 个调试步骤。

》【知识要点】

应在工厂调试或者集成测试阶段完成各类设备模型及系统功能的组态配置，完成设备匹配能力与网络性能检验，验收应合格，验收资料应完整。

合并单元、智能终端、时间同步装置等二次设备的单体功能性能测试宜在工厂调试或者集成测试阶段实施。

》【技术要领】

现场校验分为 16 个步骤：

① 厂站内监控主机中新扩线路间隔相关 SCD 文件配置的检查；

② 厂站内监控主机中新扩线路间隔画面及配置检查，包括画面索引、光字牌图、主接线图、间隔分图、应用功能分图、二次设备状态监视图、监控系统网络通信状态图等；

③ 厂站内监控主机中新扩线路间隔画面标识正确，设备命名正确，图元含义清晰；

④ 厂站内监控主机中新扩线路间隔中相关二次设备的 MMS、GOOSE、SV 通信状态展示界面正确，模拟关联设备之间的 GOOSE、SV 通信状态断链和恢复，检查监控主机应能正确显示设备 GOOSE、SV 通信状态，模拟关联设备之间的 MMS 单网中断、双网中断，检查监控主机应能正确显示设备 MMS 网络的通信状态，且 MMS 双网的通信状态对应显示正确；

⑤ 厂站内监控主机与线路间隔交流母线电压、线路电压、电流、汇控柜温/湿度等遥测信息核对；

⑥ 厂站内监控主机与线路间隔一次设备相关遥信信息核对；

⑦ 厂站内监控主机与线路间隔内保护装置、测控装置、交换机、合并单元和智能终端等二次设备相关遥信信息核对；

⑧ 厂站内监控主机与线路间隔断路器、隔离开关、接地开关等一次设备相关遥控信息核对；

⑨ 厂站内监控主机中该新扩间隔同期操作功能和强制合闸功能正确性验证；

⑩ 厂站内监控主机与线路间隔保护装置软压板等二次设备相关遥控信息核对，对间隔层设备软压板进行投退遥控操作，检查监控主机界面显示软压板状态与设备实际状态应一致；

⑪ 厂站内监控主机中该线路间隔相关一键顺控票正确性验证；

⑫ 厂站内监控主机中该线路间隔相关一键更名功能正确性验证；

⑬ 厂站内监控主机中该线路间隔保护相关定值调阅与修改功能验证；

⑭ 厂站内监控主机中该线路间隔保护录波调阅功能验证；

⑮ 厂站内监控主机中该线路间隔保护装置、智能终端的保持型信号远方复归功能测试；

⑯ 厂站内监控主机中新扩线路间隔相关防误闭锁逻辑验证，包括独立五防机或嵌入式五防机防误闭锁逻辑验证，宜具备防误逻辑可视化展示与实时校核功能。

任务七　调控中心三遥信息核对

≫【任务描述】

本任务主要讲解智能站改扩建 110kV 线路间隔后主站相关的调试内容。分析了主站相关 6 个调试步骤。

≫【知识要点】

顺序控制是一种控制命令的批处理方式，即按照一定的时序，逐条发出指令、逐条确认指令被正确执行，直至完成全部指令的执行。

≫【技术要领】

现场校验分为 6 个步骤：

① 检修人员对新编制的扩建线路间隔相关信息点表（地调信息表）内容进行审核，检查该信息表与站内相关设备运行功能及遥信、遥测、遥控、告警直传、远程浏览等参数配置，是否一致符合设计要求；

② 数据通信网关机中新扩线路间隔相关三遥信息转发表（地调转发表）的检查；

③ 检查数据通信网关机与间隔层设备的 MMS 通信状态正常；

④ 调控中心与线路间隔交流母线电压、线路电压、电流、有功功率、无功功率和功率因数、温/湿度等遥测信息核对；

⑤ 检查在相应调控中心以及各主站系统检查遥信量的正确性；

⑥ 检查在相应调控中心进行控制操作的正确性。

任务八 其他功能调试

➢【任务描述】

本任务主要讲解智能站改扩建110kV线路间隔后，电能表、故障录波器、网络报文记录分析仪、在线监测装置、保护信息管理机等设备调试内容。

➢【技术要领】

其他功能调试分为 5 个步骤：

① 电能表采样值检查；

② 网络报文分析仪报文分析功能、异常报文分析与记录功能、连续记录报文功能和报文召唤功能检查；

③ 故障录波器采样值检查、开关输入量检查和定值修改及核对；

④ 在线监测装置应能从保护装置正确取得保护动作、告警、在线监测、状态变位和中间节点五大类信息，并能从测控取得状态监测、自检告警和通信工况信息，能够从交换机取得状态监测、自检告警和端口信息，

39

并能取得以上装置识别代码、软件版本和设备过程层虚端子配置 CRC 码；

　　⑤ 保护信息管理机检查，包括采样值、开入量、定值、软压板状态和录波文件检查，并且保护信息管理机主站应能正确调取保护管理机相关信息。

任务九　自主可控新一代变电站改扩建 110kV 线路间隔配置及在线运维管控工具检查

》【任务描述】

　　本任务主要讲解自主可控新一代智能站改扩建 110kV 线路间隔后，SCD 配置及在线运维管控工具等设备调试内容。

》【知识要点】

　　在线运维管控工具用于自主可控新一代变电站建设调试、验收、运维、技改、改扩建过程中配置文件的统一配置、统一出口，保证配置文件操作、流转的唯一性，部署在综合应用主机，符合综合应用主机相关技术要求，应支持导入、导出操作前后模型文件中私有属性信息不丢失、不篡改。

》【技术要领】

　　配置及在线运维管控工具检查分为 4 个步骤：

　　① SCD 配置及在线运维管控工具向基础平台发送权限认证请求，检查管控工具中 110kV 线路保护测控装置配置文件导入导出功能是否完善；

　　② SCD 配置及在线运维管控工具向基础平台发送权限认证请求，检查管控工具中 110kV 线路保护测控装置下装 CID 文件和 CCD 文件功能是否完善；

　　③ 检查 SCD 配置及在线运维管控工具向基础平台 110kV 线路保护测控装置申请版本管理及校验功能是否完善；

④ 检查 SCD 配置及在线运维管控工具进行 SCD 配置、校验功能、模型导出、版本管理等操作时，需要向基础平台申请登录校验，相应流程是否规范。

任务十　自主可控新一代变电站改扩建 110kV 线路间隔 GOOSE 双冗余网络独立性检查

➤【任务描述】

本任务主要讲解自主可控新一代智能站改扩建 110kV 线路间隔后，线路保护 GOOSE 双网冗余网络独立性检查验证内容。

➤【知识要点】

站控层 GOOSE 网络应冗余配置并按照功能相对隔离，应采取措施防止任一网络异常影响其他网络。

➤【技术要领】

GOOSE 双冗余网络独立性检查分为两个步骤：

① 站控层 CⅠ网和 CⅡ网独立性验证，取下线路保护站控层 CⅠ网组网口光纤，检查站控层 CⅠ网交换机、测控装置是否均为 CⅠ网组网口断链告警；

② 站控层 CⅠ网和 CⅡ网独立性验证，取下线路保护站控层 CⅡ网组网口光纤，检查站控层 CⅡ网交换机、测控装置是否均为 CⅡ网组网口断链告警。

➤【典型案例】

1　案例描述

220kV 某变电站改扩建 110kV 线路间隔相关工作。

2　过程分析

（1）不停电阶段。扩建 110kV 新线路间隔，全站 SCD 配置文件修改，新线路间隔相关光缆敷设、二次电缆接线，监控后台画面、数据库、五防误闭锁、顺控票、光纤二维链路表制作，新间隔保护、合并单元、智能终端调试，交直流搭接，远动参数修改、三遥信息核对，新线路间隔接入保护管理机，故障录波器，网络分析仪，在线监测装置。新线路间隔五防闭锁逻辑及顺控逻辑验证。

（2）停电阶段。110kV 母线保护相关配置文件修改及下装，变比和描述等相关参数修改，分相电流、跳闸等相关虚回路验证。110kV 母线保护与其他运行间隔采用不停电扩建验证方式，利用同型号智能终端，将运行间隔智能终端配置文件下装到该试验智能终端中，利用试验智能终端验证修改配置文件后的 110kV 母线保护与运行间隔相关二次虚回路。110kV 母线保护顺控逻辑验证。110kV 母线测控防误闭锁逻辑修改及验证。保护管理机、故障录波器、网络报文分析仪和在线监测相关配置文件修改，定值修改，虚回路验证。

3　结论建议

新线路间隔保护带负荷试验、110kV 母线保护带负荷试验、带负荷试验结果正确后方可投运。

项目三

220kV智能变电站改扩建220kV变压器间隔

» 【项目描述】

本项目主要讲解智能变电站改扩建 220kV 变压器间隔继电保护及自动化设备安全措施、风险点、注意事项、相关功能及二次虚回路调试等内容。讲解改扩建 220kV 变压器间隔保护及自动化设备知识点和技术要领，结合典型案例分析，了解智能变电站改扩建 220kV 变压器间隔作业流程，熟悉智能变电站 220kV 变压器间隔及相关设备功能原理和相关二次虚回路，掌握智能站改扩建 220kV 变压器间隔相关调试任务。改扩建 220kV 变压器间隔主接线图如图 3-1 所示。

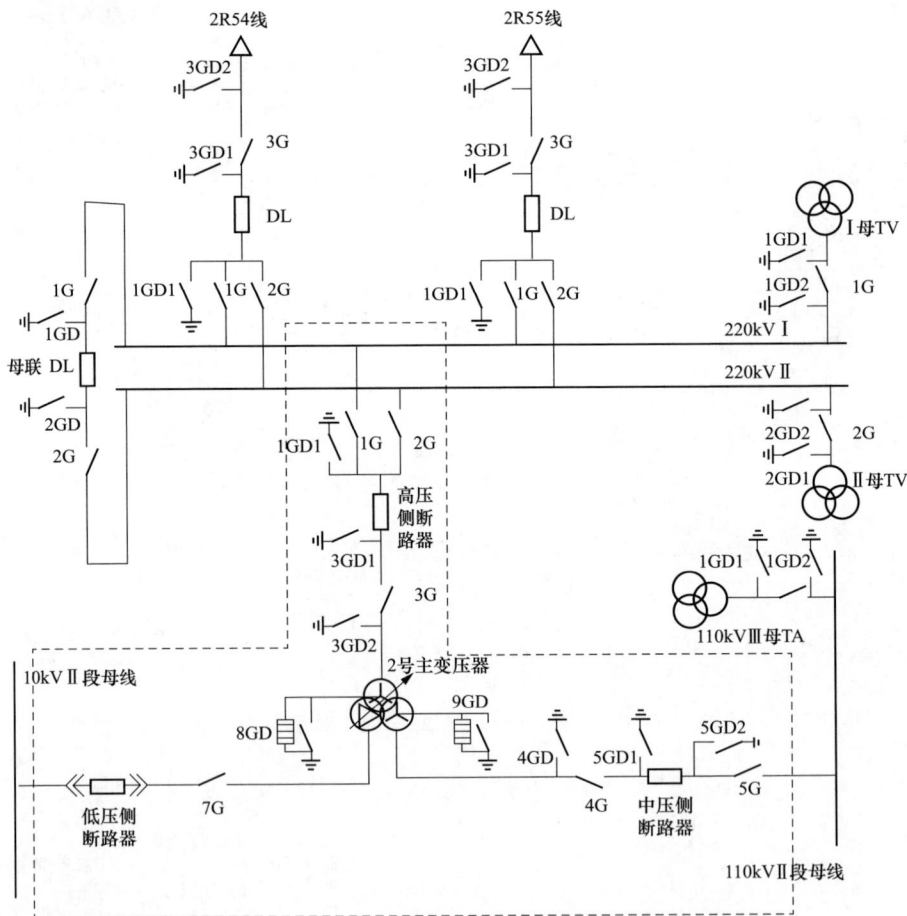

图 3-1　改扩建 220kV 变压器间隔主接线图

任务一　变压器保护功能调试

》【任务描述】

本任务主要讲解智能站改扩建 220kV 变压器间隔后变压器保护调试的内容。分析了变压器保护相关 17 个调试步骤，并针对自主可控新一代智能变电站，增加了⑱～㉓步骤，进一步分析了新一代智能变电站中变压器保护安全性检查和 GOOSE 双网冗余网络检查任务。

》【知识要点】

变压器非电量保护通常包括本体重瓦斯、本体轻瓦斯、有载重瓦斯、压力释放、绕组温度高、有载油位异常、油温高、本体油位异常等信号。

非电量保护整组试验，在额定直流电压下，按顺序传动非电量保护，监视保护信号接点和面板指示灯信号，对需要跳闸的非电量保护，应监视跳闸接点。

非电量回路绝缘测试，非电量回路对地绝缘电阻应大于 1MΩ，非电量接点之间绝缘电阻应大于 10MΩ。

智能变电站变压器保护电量保护动作启动高压侧断路器失灵和解除复压闭锁采用同一 GOOSE 开出报文，并经同一 GOOSE 发布软压板控制。

改扩建 220kV 变压器间隔相关信息流图如图 3-2 所示。

变压器保护相关二次设备包括各侧及本体合并单元、智能终端，高压侧母线保护，中压侧母分智能终端、中压侧母分备自投、低压侧母分备自投、低压侧母分保测装置。变压器间隔保护信息流见表 3-1。

变压器保护跳低压侧母分开关二次回路是否配置参见各单位专业管理部门要求。

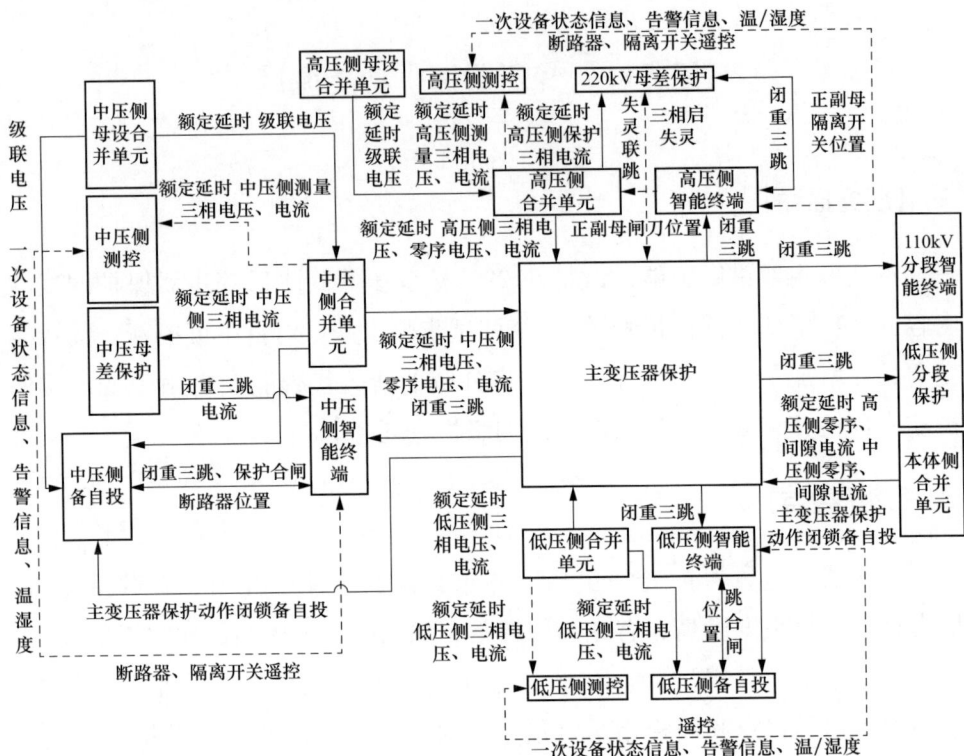

图 3-2　改扩建 220kV 变压器间隔相关信息流图

表 3-1 　　　　　　　　　变压器间隔保护信息流

装置描述	开入量信号描述	信号来源描述
变压器保护	额定延时、高压侧三相交流母线电压、高压侧零序电压、高压侧交流电流	高压侧合并单元
变压器保护	额定延时、中压侧三相交流母线电压、中压侧零序电压、中压侧交流电流	中压侧合并单元
变压器保护	额定延时、低压侧三相交流母线电压、低压侧交流电流	低压侧合并单元
变压器保护	额定延时、高压侧零序电流、高压侧间隙电流、中压侧零序电流、中压侧间隙电流	本体侧合并单元
变压器保护	失灵联跳	高压侧母线保护
高压侧智能终端	闭重三跳	变压器保护、高压侧母线保护
中压侧智能终端	闭重三跳	变压器保护、中压侧母线保护

46

续表

装置描述	开入量信号描述	信号来源描述
低压侧智能终端	闭重三跳	变压器保护
中压侧智能终端	闭重三跳、保护合闸	中压侧备自投
低压侧智能终端	闭重三跳、保护合闸	低压侧备自投
高压侧合并单元	额定延时、正副母保护测量组、计量组三相交流母线电压、零序电压	高压侧母线合并单元
高压侧合并单元	高压侧正、副母隔离开关位置	高压侧智能终端
中压侧合并单元	额定延时、母线保护测量组、计量组三相交流母线电压、零序电压	中压侧母线合并单元
220kV母线保护	额定延时、三相电流	变压器高压侧合并单元
220kV母线保护	正、副母隔离开关位置	变压器高压侧智能终端
220kV母线保护	三相启动失灵	变压器保护
110kV母线保护	额定延时、三相电流	变压器中压侧合并单元
中压侧母分备自投	变压器保护动作闭锁备自投	变压器保护
中压侧母分备自投	额定延时、中压侧A相电流、中压侧母线三相电压	变压器中压侧合并单元
中压侧母分备自投	断路器位置	变压器中压侧智能终端
低压侧母分备自投	变压器保护动作闭锁备自投	变压器保护
低压侧母分备自投	额定延时、低压侧A相电流、低压侧母线三相电压	变压器低压侧合并单元
低压侧母分备自投	断路器位置	变压器低压侧智能终端
中压侧母分智能终端	闭重三跳	变压器保护
低压侧母分保测装置（可选）	闭重三跳	变压器保护

≫【技术要领】

现场校验分为 19 个步骤，其中针对新一代变电站增加步骤⑱～⑲，分别为：

① 变压器保护装置版本通过国家电网有限公司统一测试核查，满足国家电网有限公司技术规范，应采用浙江电网标准化保护及辅助装置 ICD 模型文件；

② 变压器保护定值核对，应与调度整定单内容一致；

③ 变压器保护各侧交流母线电压、零序电压、分相电流、零序电流和间隙电流采样值检查；

④ 变压器保护检修、远方操作、信号复归等开入量检查；

⑤ 变压器保护失灵联跳开入量检查；

⑥ 变压器差动保护定值校验、时间测试；

⑦ 变压器各侧后备保护定值校验、时间测试；

⑧ 变压器保护跳闸矩阵正确性和唯一性验证；

⑨ 变压器本体非电量保护功能测试，非电量保护功能硬压板和出口硬压板唯一性和正确性验证；

⑩ 变压器间隔相关智能设备检修机制验证；

⑪ 变压器交流采样回路、控制回路和非电量保护信号回路绝缘电阻测试；

⑫ 变压器保护 SV 接收软压板、GOOSE 发送软压板和智能终端出口硬压板唯一性和正确性验证；

⑬ 变压器保护 SV 接收、GOOSE 发送、保护元件功能等软压板遥控投退一一对应测试；

⑭ 变压器保护装置光口发送及接收功率测试；

⑮ 变压器保护整组试验；

⑯ 变压器保护 SOE 报文检查，在变电站后台和调度端读取继电保护装置报文的时标和内容是否与继电保护装置发出的报文一致，应注意要采用传动继电保护动作逐一发出单个报文进行检查；

⑰ 变压器保护与相关智能设备 GOOSE 和 SV 二维链路表验证；

⑱ 针对自主可控新一代变电站还需增加保护装置就地登录身份认证功能、安全审计功能、访问控制检查、关键数据备份与恢复功能和业务逻辑安全性检查；

⑲ 针对自主可控新一代变电站还需增加 GOOSE 双冗余网络开入、开出功能检查及 GOOSE 双冗余网络独立性检查。

任务二　变压器各侧及本体测控功能调试

》【任务描述】

本任务主要讲解智能站改扩建 220kV 变压器间隔后，变压器各侧及本体测控调试内容。分析了变压器测控相关 26 个调试步骤。

》【知识要点】

对于智能变电站一体化监控系统，按照全站信息数字化、通信平台网络化、信息共享标准化的基本要求，通过系统集成优化，实现全站信息的统一接入、统一存储和统一展示，实现运行监视、操作与控制、信息综合分析与智能告警、运行管理和辅助应用等功能。

综合应用服务器，实现与状态监测、计量、电源、消防、安防和环境监测等设备（子系统）的信息通信，通过综合分析和统一展示，实现一次设备在线监测和辅助设备的运行监视与控制。

数据通信网关机是一种通信装置，实现智能变电站与调度、生产等主站系统之间的通信，为主站系统实现智能变电站监视控制、信息查询和远程浏览等功能提供数据、模型和图形的传输服务。

冗余后备测控装置（redundant backup measurement and control device）包含多个虚拟测控单元，当变电站测控装置由于故障或检修退出运行时，能够通过人工或自动投入虚拟测控单元实现电气间隔的测量与控制功能的装置。

虚拟测控单元（virtual measurement and control unit）是运行于冗余后备测控装置中的软件模块，采用与按电气间隔配置的变电站测控装置相同的模型、参数和配置等，实现间隔变电站测控装置相同的功能。

变压器测控相关信息流图如图 3-3 所示。

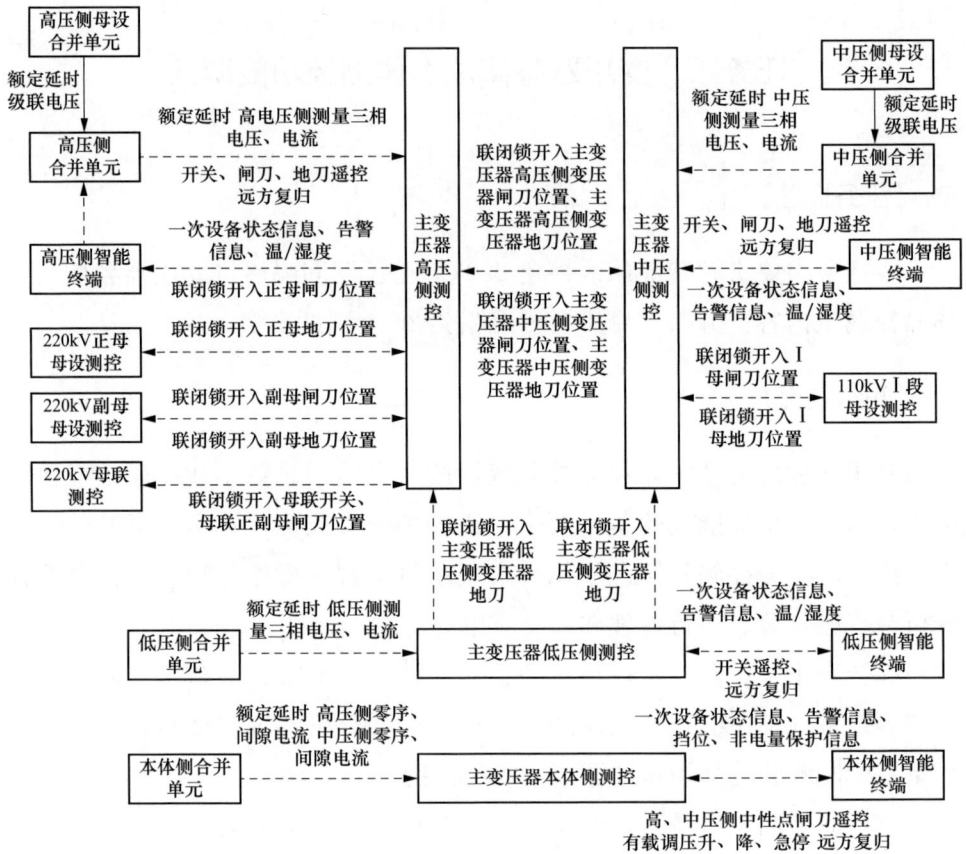

图 3-3　变压器测控相关信息流图

变压器测控相关二次设备包括各侧及本体合并单元、智能终端，220kV 正母线测控，220kV 副母线测控，220kV 母联测控，110kV 母线测控。变压器间隔测控信息流见表 3-2。

表 3-2　　　　　　　　　变压器间隔测控信息流

装置描述	开入量信号描述	信号来源描述
变压器高压侧测控	额定延时、高压侧三相交流母线电压、高压侧零序电压、高压侧测量交流电流	高压侧合并单元
变压器中压侧测控	额定延时、中压侧三相交流母线电压、中压侧零序电压、中压侧测量交流电流	中压侧合并单元
变压器低压侧测控	额定延时、低压侧三相交流母线电压、低压侧测量电流	低压侧合并单元

续表

装置描述	开入量信号描述	信号来源描述
变压器高压侧测控	变压器高压侧断路器、正副母隔离开关、变压器隔离开关、断路器母线侧接地开关、断路器变压器侧接地开关、变压器高压侧接地开关位置，一次设备异常告警信号等	高压侧智能终端
变压器中压侧测控	变压器中压侧断路器、母线隔离开关、变压器隔离开关、断路器母线侧接地开关、断路器变压器侧接地开关、变压器中压侧接地开关位置，一次设备异常告警信号等	中压侧智能终端
变压器低压侧测控	变压器低压侧断路器、断路器手车、隔离柜手车、变压器低压侧接地开关，一次设备异常告警信号等	低压侧智能终端
变压器本体测控	本体重瓦斯跳闸、有载重瓦斯跳闸、档位、变压器油温、变压器高压侧中性点隔离开关位置和变压器中压侧中性点隔离开关位置等信号	本体侧智能终端
高压侧智能终端	变压器高压侧断路器、正副母隔离开关、变压器隔离开关、断路器母线侧接地开关、断路器变压器侧接地开关、变压器高压侧接地开关遥控命令、复归	变压器高压侧测控
中压侧智能终端	变压器中压侧断路器、母线隔离开关、变压器隔离开关、断路器母线侧接地开关、断路器变压器侧接地开关、变压器中压侧接地开关遥控命令、复归	变压器中压侧测控
低压侧智能终端	变压器低压侧断路器遥控命令、复归	变压器低压侧测控
本体侧智能终端	变压器高中压侧中性点接地开关、调压升、调压降和调压急停遥控命令	变压器本体测控
变压器高压侧测控	220kV 正母线接地开关位置互锁双点开入	220kV 正母线测控
220kV 正母线测控	220kV 正母隔离开关位置互锁双点开入	变压器高压侧测控
变压器高压侧测控	220kV 副母线接地开关位置互锁双点开入	220kV 副母线测控
220kV 副母线测控	220kV 副母隔离开关位置互锁双点开入	变压器高压侧测控
变压器高压侧测控	220kV 母联断路器及两侧隔离开关位置互锁双点开入	220kV 母联测控
变压器高压侧测控	变压器中压侧变压器隔离开关和变压器中压侧变压器接地开关互锁双点开入	变压器中压侧测控
变压器高压侧测控	变压器低压侧变压器隔离开关和变压器低压侧变压器接地开关互锁双点开入	变压器低压侧测控
变压器中压侧测控	110kV 母线接地开关位置互锁双点开入	110kV 母线测控
110kV 母线测控	变压器中压侧母线隔离开关位置互锁双点开入	变压器中压侧测控
变压器中压侧测控	变压器高压侧变压器隔离开关和变压器高压侧变压器接地开关互锁双点开入	变压器高压侧测控
变压器中压侧测控	变压器低压侧变压器隔离开关和变压器低压侧变压器接地开关互锁双点开入	变压器低压侧测控
变压器低压侧测控	变压器高压侧变压器隔离开关和变压器高压侧变压器接地开关互锁双点开入	变压器高压侧测控

续表

装置描述	开入量信号描述	信号来源描述
变压器低压侧测控	变压器中压侧变压器隔离开关和变压器中压侧变压器接地开关互锁双点开入	变压器中压侧测控
公用测控	SV 总告警、切换同时动作、切换异常、合并单元对时异常、合并单元告警、合并单元闭锁、检修不一致	高压侧第二套合并单元
公用测控	GOOSE 总告警、检修不一致、智能终端对时异常、智能终端告警、智能终端闭锁	高压侧第二套智能终端
高压侧第二套智能终端	复归	公用测控
公用测控	SV 总告警、合并单元对时异常、合并单元告警、合并单元闭锁、检修不一致	中压侧第二套合并单元
公用测控	GOOSE 总告警、检修不一致、智能终端对时异常、智能终端告警、智能终端闭锁	中压侧第二套智能终端
中压侧第二套智能终端	复归	公用测控
公用测控	SV 总告警、合并单元对时异常、合并单元告警、合并单元闭锁、检修不一致	低压侧第二套合并单元
公用测控	GOOSE 总告警、检修不一致、智能终端对时异常、智能终端告警、智能终端闭锁	低压侧第二套智能终端
低压侧第二套智能终端	复归	公用测控

≫【技术要领】

现场校验分为 27 个步骤：

① 变压器测控装置版本通过国家电网有限公司统一测试核查；

② 变压器测控装置整定值核对，检查变压器测控装置内定值与变电站数据采集及控制典型参数推荐定值是否一致；

③ 变压器高压侧测控交流分相电流采样值、交流分相母线电压采样和零序电压采样检查；

④ 变压器中压侧测控交流分相电流采样值检查、交流分相母线电压采样和零序电压采样检查；

⑤ 变压器低压侧测控交流分相电流采样值检查、交流分相母线电压采

样检查；

⑥ 变压器高压侧测控断路器、隔离开关、接地开关位置，GIS气室压力低告警、高压侧合并单元告警、闭锁、智能终端告警、闭锁和保护告警和闭锁等开入量检查；

⑦ 变压器中压侧测控断路器、隔离开关、接地开关位置等一次设备状态量信息检查，中压侧合并单元、智能终端和一次设备异常告警信息等开入量检查；

⑧ 变压器低压侧测控断路器、断路器手车、隔离手车、接地开关位置等一次设备状态量信息检查，低压侧合并单元、智能终端和一次设备异常告警信息等开入量检查；

⑨ 变压器本体测控中本体重瓦斯跳闸、有载重瓦斯跳闸、本体压力释放、本体油温高跳闸等非电量信号检查，本体合并单元告警信息检查；

⑩ 变压器高压侧测控中断路器、隔离开关、接地开关和远方复归等遥控功能核对；

⑪ 变压器中压侧测控中断路器、隔离开关、接地开关和远方复归等遥控功能核对；

⑫ 变压器低压侧测控中断路器和远方复归控功能核对；

⑬ 变压器本体测控中高、中压侧中性点隔离开关，有载调压升、降和急停等遥控功能核对；

⑭ 变压器高压侧测控中本间隔隔离开关和接地开关相关防误闭锁逻辑验证；

⑮ 变压器高压侧测控中变压器隔离开关和其他侧变压器接地开关相关防误闭锁逻辑验证；

⑯ 变压器高压侧测控中变压器接地开关和其他侧变压器隔离开关相关防误闭锁逻辑验证；

⑰ 变压器高压侧测控与220kV正、副母线测控相关水平防误闭锁逻辑验证；

⑱ 变压器高压侧测控与220kV母联测控相关水平防误闭锁逻辑验证；

⑲ 变压器中压侧测控中本间隔隔离开关和接地开关相关防误闭锁逻辑验证；

⑳ 变压器中压侧测控中变压器隔离开关和其他侧变压器接地开关相关防误闭锁逻辑验证；

㉑ 变压器中压侧测控中变压器接地开关和其他侧变压器隔离开关相关防误闭锁逻辑验证；

㉒ 变压器中压侧测控与110kV母线测控相关水平防误闭锁逻辑验证；

㉓ 变压器低压侧测控中断路器手车和隔离开关手车相关防误闭锁逻辑验证；

㉔ 变压器间隔内顺控逻辑验证，包括运行、热备用和冷备用状态切换验证；

㉕ 变压器各侧智能终端上远近控切换把手，断路器、隔离开关和接地开关遥控合分闸出口硬压板唯一性和正确性验证；

㉖ 变压器三侧及本体测控参数定值核验；

㉗ 变压器间隔各侧及本体测控装置光口发送功率、接收功率、最小接收功率检查。

任务三　合并单元功能调试

≫【任务描述】

本任务主要讲解智能站改扩建220kV变压器间隔后，变压器各侧及本体合并单元调试内容。分析了变压器各侧合并单元相关11个调试步骤并针对自主可控新一代智能变电站增加了采集执行单元调试说明。

≫【知识要点】

合并单元是用以对来自二次转换器的电流、电压数据进行时间相关组合的物理单元。合并单元可以是互感器的一个组件，也可以是一个分立单元。

【技术要领】

现场校验分为 12 个步骤：

① 变压器间隔各侧及本体合并单元装置版本通过国家电网有限公司统一测试核查；

② 变压器间隔各侧及本体合并单元光口发送功率、接收功率、最小接收功率检查；

③ 变压器间隔各侧及本体合并单元 SV 报文丢帧率、完整率、发送频率和发送间隔离散度检查；

④ 变压器间隔各侧及本体合并单元交流模拟量幅值误差和相位误差检查；

⑤ 变压器间隔各侧及本体合并单元谐波对准确度的影响检验；

⑥ 变压器间隔各侧及本体合并单元采样值报文响应时间测试；

⑦ 变压器间隔各侧及本体合并单元同步性能测试；

⑧ 变压器间隔高、中压侧合并单元电压级联功能测试；

⑨ 变压器间隔高压侧合并单元电压切换功能测试；

⑩ 变压器电流回路一点接地和回阻测量；

⑪ 针对自主可控新一代智能变电站采集执行单元除上述步骤①～⑩外，还应增加变压器单套高压侧采集执行单元级联两套 220kV 母线采集执行单元电压无缝切换功能检查；

⑫ 针对自主可控新一代智能变电站采集执行单元级联电压切换把手功能测试。

任务四 智能终端功能调试

【任务描述】

本任务主要讲解智能站改扩建 220kV 变压器间隔后，变压器各侧及本体智能终端调试内容。分析了变压器各侧及本体智能终端相关 15 个调试步骤并针对自主可控新一代智能变电站增加了变压器采集执行单元调试说明。

》【知识要点】

智能终端是与一次设备采用电缆连接，与保护、测控等二次设备采用光纤连接，实现对一次设备（如断路器、隔离断路器、变压器等）的测量、控制等功能的一种装置。

》【技术要领】

现场校验分为 16 个步骤：

① 变压器间隔各侧及本体智能终端装置版本通过国家电网有限公司统一测试核查；

② 变压器间隔各侧及本体智能终端光口发送功率、接收功率、最小接收功率检查；

③ 变压器间隔各侧智能终端与保护装置的整组功能检验；

④ 变压器间隔各侧及本体智能终端与测控装置的整组功能检验；

⑤ 变压器间隔各侧及本体智能终端 GOOSE 报文接收和发送检验；

⑥ 变压器间隔各侧智能终端开关量输入动作电压是否满足 $55\% \sim 70\%$ 要求，事件记录时间是否满足 1ms 分辨率测试；

⑦ 变压器间隔各侧智能终端从接收到保护跳闸、合闸 GOOSE 命令到继电器触点出口动作时间不应大于 5ms 测试；

⑧ 变压器间隔各侧智能终端防跳功能测试；

⑨ 变压器间隔各侧智能终端中与断路器合闸线圈和控制器相连接的电压型继电器启动电压不应大于 0.7 倍额定电压，且不小于 0.55 倍额定电压，电流型继电器启动电流不应大于 0.5 倍额定电流检验；

⑩ 变压器间隔各侧及本体智能终端从开入变位到相应 GOOSE 信号发出（不含防抖时间）的时间延时不应大于 5ms；

⑪ 变压器间隔各侧智能终端出口连接片功能测试；

⑫ 变压器本体智能终端非电量保护功能测试；

⑬ 变压器各侧及本体智能终端上电、重启过程中不误发信测试；

⑭ 变压器间隔各侧智能终端光口发送功率、接收功率、最小接收功率检查；

⑮ 变压器间隔各侧智能终端出口硬压板应采用双联压板，并进行双联压板遥信信号上送监控后台信息核对；

⑯ 针对自主可控新一代智能变电站采集执行单元按照步骤①～⑭进行调试。

任务五 220kV 母线保护配置修改及相关虚回路验证

》【任务描述】

本任务主要讲解智能站改扩建 220kV 变压器间隔后，220kV 母线保护相关调试内容。分析了 220kV 母线保护与新扩建变压器间隔相关 9 个调试步骤，并针对自主可控新一代智能变电站增加了 GOOSE 双网冗余网络调试说明。

》【知识要点】

失灵联跳：变压器保护装置设置有失灵联跳功能，用于母差通过变压器保护跳变压器各侧的方式，当外部保护动作接点经失灵联跳开入接点进入装置后，经过装置内部灵敏的、不需整定的电流元件并带 50ms 延时后跳变压器各侧断路器。失灵联跳的电流判据一般采用高压侧相电流、零序电流、负序电流或电流突变量判据。如果变压器保护有失灵联跳长期开入后，装置报失灵联跳开入报警，并闭锁失灵联跳功能。

变压器间隔与 220kV 母线保护联动试验安全措施及注意事项：投入 220kV 母线保护检修状态硬压板，退出 220kV 母线保护所有间隔 GOOSE

跳闸、失灵联跳发布软压板，取下 220kV 母线保护至运行间隔相关所有 GOOSE 发布光纤。备份原 220kV 母线保护配置文件，比对新旧配置文件正确后可下装。通流试验时，应先通入小于母线保护启动电流的分相电流值，已确认支路正确性。投入变压器保护、高压侧智能终端和合并单元检修状态硬压板。退出变压器保护跳中压侧母分断路器、闭锁中压侧备自投和闭锁低压侧备自投 GOOSE 发送软压板。

母线保护最大化配置，即下装配置文件时，应完成母线保护所有支路（包括备用支路）输入虚端子的配置工作并验证其正确性，其中备用支路可选用任一厂家相应类型的标准化 ICD 模型文件。后续改扩建工程中不再修改或重新下装母线保护的配置文件，母线保护不需要和运行间隔进行传动验证，仅需要和改扩建间隔进行传动验证。

为规范智能变电站新、改扩建工程中继电保护和安全自动装置虚回路配置与验证技术，提高改扩建工作效率，降低现场调试作业风险，减少一次设备陪停和二次设备投退操作，国网浙江电力自 2020 年起先后开展了继电保护虚回路镜像模拟传动技术与标准化配置文件应用。

改扩建智能变电站母线保护未实现最大化配置的智能变电站实施改扩建时，需修改相应母线保护的配置文件。为确保母线保护配置文件修改后与运行间隔不再进行实际传动验证，应先通过可视化比对改扩建前后两个 SCD 文件，确认母线保护与运行间隔的虚回路连接未发生变化，再通过光数字继电保护测试仪模拟运行间隔进行两步比对法验证。

改扩建智能变电站母线保护已实现最大化配置的智能变电站实施改扩建时，母线保护不需要和运行间隔进行传动验证，仅需要和改扩建间隔进行传动验证。

两步对比法：①第一步，在母线保护配置未改动的情况下，由光数字式继电保护测试仪使用原 SCD 文件模拟运行设备，与母线保护进行虚回路传动，验证该测试仪能够正确模拟各运行设备；②第二步，母线保护下装新配置文件，比对母线保护过程层虚端子 CRC 校验码与 SCD 文件对应间隔的 CRC 校验码一致后，用通过原 SCD 配置文件验证的测试仪模拟运行间隔，来验证配置文件更改后的母线保护与相关运行间隔虚回路的正确性。

》【技术要领】

通过扫描右侧二维码可观看 220kV 主变压器间隔与 220kV 母差保护相关功能和虚回路验证视频。

现场校验分为 11 个步骤：

① 220kV 母线保护版本通过国家电网有限公司统一测试核查，满足国家电网有限公司技术规范，进一步检查是否采用浙江电网标准化保护及辅助装置 ICD 模型文件，是否满足最大化配置要求；

② 220kV 母线保护中该新改扩建间隔交流分相电流采样值检查和间隔接收软压板唯一性和正确性验证；

③ 220kV 母线保护该变压器支路正、副母隔离开关位置开入量检查；

④ 220kV 母线保护大差、正母小差和副母小差差流幅值检查；

⑤ 220kV 母线保护与该扩间隔智能终端闭重三跳回路和 GOOSE 跳闸发布软压板唯一性和正确性验证；

⑥ 220kV 母线保护与该扩间隔变压器保护三相启动失灵、失灵联跳虚回路和 GOOSE 发布及订阅软压板唯一性和正确性验证；

⑦ 220kV 母线保护与改扩建间隔变压器保护、合并单元和智能终端检修机制验证；

⑧ 220kV 母线保护顺控逻辑验证；

⑨ 220kV 母线保护与该改扩间隔相关 GOOSE 和 SV 二维链路表验证；

⑩ 220kV 母线保护与运行间隔相关功能和回路验证，当现场母线保护已实现最大化配置，不再需要与运行间隔进行传动验证，当现场母线保护未实现最大化配置，应先通过可视化比对改扩建前后两个 SCD 文件，确认母线保护与运行间隔的虚回路连接未发生变化，再采用两步对比法验证修改配置后的母线保护与相关运行间隔虚回路的正确性；

⑪ 针对自主可控新一代变电站，还需要增加 GOOSE 双网冗余网络检

59

查和 GOOSE 双网冗余网络相互独立性检查。

任务六　110kV 母线保护配置修改及相关虚回路验证

》【任务描述】

本任务主要讲解智能站改扩建 220kV 变压器间隔后 110kV 母线保护相关的调试内容。分析了 110kV 母线保护与新扩建变压器间隔相关 7 个调试步骤。

》【知识要点】

母线保护各支路 TA 变比差不宜大于 4 倍。

变压器间隔与 110kV 母线保护联动试验安全措施及注意事项：投入 110kV 母线保护检修状态硬压板，退出 110kV 母线保护所有间隔 GOOSE 跳闸发布软压板，取下 110kV 母线保护至运行间隔相关所有 GOOSE 发布光纤。备份原 110kV 母线保护配置文件，比对新旧配置文件正确后可下装。通流试验时，应先通入小于母线保护启动电流的分相电流值，已确认支路正确性。投入变压器保护、中压侧智能终端和合并单元检修状态硬压板。退出变压器保护启动 220kV 母差失灵、跳中压侧母分断路器、闭锁中压侧备自投、闭锁低压侧备自投和跳低压侧母分断路器 GOOSE 发送软压板。

》【技术要领】

现场校验分为 7 个步骤：

① 110kV 母线保护中该新改扩建间隔交流分相电流采样值和间隔接收软压板检查；

② 110kV 母线保护大差、小差差流幅值检查；

③ 110kV 母线保护与该扩间隔智能终端闭重三跳回路和 GOOSE 跳闸

发布软压板唯一性和正确性验证；

④ 110kV 母线保护与该扩间隔合并单元和智能终端检修机制验证；

⑤ 110kV 母线保护顺控逻辑验证；

⑥ 110kV 母线保护与该新扩间隔相关 GOOSE 和 SV 二维链路表验证；

⑦ 110kV 母线保护与运行间隔相关功能和回路验证，当现场母线保护已实现最大化配置时，不再需要与运行间隔进行传动验证，当现场母线保护未实现最大化配置时，应先通过可视化比对改扩建前后两个 SCD 文件，确认母线保护与运行间隔的虚回路连接未发生变化，再采用两步对比法验证修改配置后的母线保护与相关运行间隔虚回路的正确性。

任务七　110kV 母分智能终端配置修改及相关虚回路验证

▶【任务描述】

本任务主要讲解智能站改扩建 220kV 变压器间隔后 110kV 母分间隔相关的调试内容。分析了 110kV 母分间隔与新扩建变压器保护相关的 3 个调试步骤。

▶【知识要点】

检修机制验证，GOOSE 接收装置应将接收到的 GOOSE 报文中的检修品质位与装置自身的检修压板状态进行比较，只有两者一致时才将信号作为有效进行处理或动作。

变压器间隔与 110kV 母分断路器联动试验安全措施及注意事项：投入 110kV 母分智能终端检修状态硬压板。投入变压器保护检修状态硬压板。退出变压器保护启动 220kV 母差失灵、闭锁中压侧备自投、闭锁低压侧备自投和跳低压侧母分断路器 GOOSE 发送软压板。

▶【技术要领】

现场校验分为 3 个步骤：

① 110kV 母分智能终端与变压器保护闭重三跳回路和 GOOSE 跳闸发布软压板唯一性和正确性验证；

② 110kV 母分智能终端与变压器保护检修机制验证；

③ 110kV 母分智能终端与该新扩间隔相关 GOOSE 二维链路表验证；

任务八　110kV 备自投配置修改及相关虚回路验证

≫【任务描述】

本任务主要讲解智能站改扩建 220kV 变压器间隔后的 110kV 备自投相关调试内容。分析了 110kV 备自投与改扩建变压器间隔相关的 7 个调试步骤。

≫【知识要点】

备自投无压定值：无压定值或称无电压设定值，用于判别系统或母线处于失电状态的电压定值。当备自投采集的电压值小于该定值时，判为失去电源。

备自投有压定值：有压定值或称有电压设定值，用于判别系统或母线处于带电状态的电压定值。当备自投采集的电压值不小于该定值时，判为有电源。

备自投主供电源：正常运行时给负荷或母线供电的独立电源。

备自投备用电源：投入后给失电的负荷或母线恢复供电的独立电源。

变压器间隔与 110kV 备自投联动试验安全措施及注意事项：投入 110kV 备自投检修状态硬压板，退出 110kV 备自投至运行变压器间隔跳合闸 GOOSE 发布软压板，取下 110kV 备自投至运行变压器间隔智能终端跳合闸 GOOSE 发送光纤。投入变压器保护、中压侧智能终端和合并单元检修状态硬压板。退出变压器保护启动 220kV 母差失灵、跳中压侧母分断路器、闭锁低压侧备自投和跳低压侧母分断路器 GOOSE 发送软压板。

【技术要领】

现场校验分为 7 个步骤：

① 110kV 备自投中该新改扩建 220kV 变压器间隔中压侧交流分相交流母线电压、电流采样值和 SV 订阅软压板检查；

② 110kV 备自投中该变压器支路断路器位置、KKJ 合后位置开入量检查；

③ 110kV 备自投中该变压器间隔第一、二套保护动作闭锁备自投开入量及变压器保护闭锁备自投 GOOSE 发布软压板检查；

④ 110kV 备自投与该扩间隔中压侧智能终端闭重三跳回路和保护合闸出口回路及发布软压板唯一性和正确性验证；

⑤ 110kV 备自投与该扩间隔变压器保护、合并单元和智能终端检修机制验证；

⑥ 110kV 备自投整组试验；

⑦ 110kV 备自投与该新扩间隔相关 GOOSE 和 SV 二维链路表验证。

任务九　低压侧备自投配置修改及相关虚回路验证

【任务描述】

本任务主要讲解智能站改扩建 220kV 变压器间隔后低压侧备自投相关的调试内容。分析了低压侧备自投与新扩建变压器间隔相关的 7 个调试步骤。

【知识要点】

备自投功能要求：当主供电源失电时，备自投只允许动作一次，需在相应的充电条件满足后才能允许下一次动作。应确保主供电源断路器断开后方可投入备用电源。

变压器间隔与低压侧备自投联动试验安全措施及注意事项：投入低压

备自投检修状态硬压板，退出低压备自投至运行变压器间隔跳合闸GOOSE发布软压板，取下低压侧备自投装置背板上至运行变压器间隔智能终端跳合闸GOOSE发送光纤。投入变压器保护、低压侧智能终端和合并单元检修状态硬压板。退出变压器保护启动220kV母差失灵、跳中压侧母分断路器、闭锁中压侧备自投GOOSE发送软压板。

》【技术要领】

现场校验分为7个步骤：

① 低压侧备自投中该新改扩建220kV变压器间隔低压侧交流分相交流母线电压、电流采样值和SV订阅软压板检查；

② 低压侧备自投中该变压器支路断路器位置、KKJ合后位置开入量检查；

③ 低压侧备自投中该变压器间隔第一、二套保护动作闭锁备自投开入量及变压器保护GOOSE发布软压板检查；

④ 低压侧备自投与该扩间隔低压侧智能终端闭重三跳回路和保护合闸出口回路及发布软压板验证；

⑤ 低压侧备自投与该扩间隔变压器保护、合并单元和智能终端检修机制验证；

⑥ 低压侧备自投整组试验；

⑦ 低压侧备自投与该新扩间隔相关GOOSE和SV二维链路表验证。

任务十　低压侧母分保测配置修改及相关虚回路验证（可选）

》【任务描述】

本任务主要讲解智能站改扩建220kV变压器间隔后低压侧母分间隔相关的调试内容。分析了低压侧母分间隔与新扩建变压器保护相关3个调试步骤。

根据各单位专业管理部门具体要求，如配置相关回路时，则进行相关试验验证。

》【知识要点】

检修机制验证：GOOSE 接收装置应将接收到的 GOOSE 报文中的检修品质位与装置自身的检修压板状态进行比较，只有两者一致时才将信号作为有效进行处理或动作。

变压器间隔与低压侧母分开关联动试验安全措施及注意事项：投入低压侧母分保测检修状态硬压板。投入变压器保护检修状态硬压板。退出变压器保护启动 220kV 母差失灵、闭锁中压侧备自投和闭锁低压侧备自投 GOOSE 发送软压板。

》【技术要领】

现场校验分为 3 个步骤：

① 低压侧母分保测装置与变压器保护闭重三跳回路和 GOOSE 跳闸发布软压板唯一性和正确性验证；

② 低压侧母分保测装置与变压器保护检修机制验证；

③ 低压侧母分保测装置与该新扩间隔相关 GOOSE 和 SV 二维链路表验证。

任务十一　厂站内监控后台三遥信息核对

》【任务描述】

本任务主要讲解智能站改扩建 220kV 变压器间隔后厂站内监控后台相关的调试内容。分析了厂站内监控后台相关 15 个调试步骤。

》【知识要点】

应在工厂调试或者集成测试阶段，完成各类设备模型及系统功能的组态配置，完成设备匹配能力与网络性能检验并验收合格，验收资料完整。

合并单元、智能终端、时间同步装置等二次设备的单体功能性能测试宜在工厂调试或者集成测试阶段实施。

监控后台修改数据库的工作（如改名、扩建等）前后均需要对后台进行备份。

改名完成后需要对新投产变压器进行三遥信息核对，确认信息正确性，对后台所有系统画面和相应间隔分画面进行逐幅核对，以确保改名工作完善，避免漏改、错改。

加强对厂家的监护，工作前交代厂家服务人员不得擅自将笔记本接至站控层交换机和调度数据网设备，需要下装远动配置和重启远动前应告诉工作负责人，经工作负责人检查并同意后方可执行。

后台遥控试验，应要求运行人员进行操作，对于投运设备检修人员不得对遥控解锁把手、回路中遥控闭锁接点进行解锁。

后台数据库维护结束后，应及时退出维护员权限。

通过实际传动开关核对事故总信号上送是否正确。核对时注意间隔事故总信号是否能上送，同时注意其是否能推全站事故总。模拟正确后注意观察全站事故总信号是否 15s 后会自动复归。事故总信号宜采用操作箱 KKJ＋TWJ 方式，不宜采用保护信号归并方式，以免信号取不全或误报警。模拟结束后间隔事故总如自保持，应采取后台、把手手分方式对位复归，禁止采用短接点方式复归。

变压器温度量采样设置：首先确定温度变送器的安装位置，一般为变压器本体安装和测控屏安装两种，本体安装输入的是电流、电压量，测控屏安装输入的是电阻值。需获取变送器量程范围和其对应的温度值。温度值范围通常可以通过查看现场盘表刻度获取。利用变送器量程范围和其对应的温度值的线性关系求出温度曲线的斜率 K 和偏移量截距。温度量核对由于模拟温度变化较困难，通常采用直流电压、电流模拟变送器输出核对，一般做两个点验证线性度。另外可以通过现场盘表读数，不同源验证温度遥测值正确性。

变压器挡位遥测值核对：明确变压器的调挡类型，如果是无载调挡变压器，可能未引出挡位接点，可以采用实际挡位置数方式显示挡位。如果是有载变压器，挡位引出方式通常有二进制码和8421码两种。每挡输出均要核对，不少厂家的挡位遥信开入接于本体测控特定位置，需加以注意。

遥控核对安全措施：对于运行间隔采用切换远方遥控操作把手至就地位置和取下遥控出口硬压板双重方式保证安全。对于被控间隔中遥控后会触及带电部分的设备，采用退压板、拉电源、脱开传动机构等方式形成安全措施。连续遥控工作每日开工前均要重新检查遥控安全措施，在遥控核对前要专人将现场安全措施情况汇报调度、站内后台工作人员，遥控过程中一次设备现场必须有人监护设备动作情况。遥控安全措施每日工作结束后须恢复。

遥控试验时应做好现场安全措施，调度新功能测试、扩建新间隔遥控试验等进行过开关重新关联或远动转发表重新生成的工作需要将其他运行间隔遥控功能切换至就地，备用间隔改名（10kV）、保护校验等工作的遥控试验不需要执行其他运行间隔遥控功能切至就地的安全措施，同时确保遥控试验间隔一次设备上无人工作。

》【技术要领】

现场校验分为15个步骤：

①厂站内监控主机中新扩变压器间隔相关SCD文件配置的检查；

②厂站内监控主机中新扩变压器间隔画面及配置检查，包括画面索引、光字牌图、主接线图、间隔分图、应用功能分图、二次设备状态监视图、监控系统网络通信状态图等；

③厂站内监控主机中新扩变压器间隔画面标识正确，设备命名正确，图元含义清晰；

④厂站内监控主机中新扩变压器间隔中相关二次设备的 MMS、GOOSE、SV 通信状态展示界面正确，模拟关联设备之间的 GOOSE、SV 通信状态断链和恢复，检查监控主机应能正确显示设备 GOOSE、SV 通信

状态，模拟关联设备之间的 MMS 单网中断、双网中断，检查监控主机应能正确显示设备 MMS 网络的通信状态，且 MMS 双网的通信状态对应显示正确；

⑤厂站内监控主机与变压器间隔交流母线电压、电流、汇控柜温湿度等遥测信息核对；

⑥厂站内监控主机与变压器间隔一次设备相关遥信信息核对；

⑦厂站内监控主机与变压器间隔内保护装置、测控装置、交换机、合并单元和智能终端等二次设备相关遥信信息核对；

⑧厂站内监控主机与变压器间隔断路器、隔离开关、接地开关等一次设备相关遥控信息核对；

⑨厂站内监控主机中该新扩变压器间隔各侧强制合闸功能正确性验证；

⑩厂站内监控主机与变压器间隔保护装置软压板等二次设备相关遥控信息核对，对间隔层设备软压板进行投退遥控操作，检查监控主机界面显示软压板状态与设备实际状态一致；

⑪厂站内监控主机中该变压器间隔相关一键顺控票正确性验证；

⑫厂站内监控主机中该变压器间隔保护相关定值调阅与修改功能验证；

⑬厂站内监控主机中该变压器间隔保护录波调阅功能验证；

⑭厂站内监控主机中该变压器间隔保护装置、智能终端的保持型信号远方复归功能测试；

⑮厂站内监控主机中新扩变压器间隔相关防误闭锁逻辑验证，包括独立五防机或嵌入式五防机防误闭锁逻辑验证。

任务十二　调控中心三遥信息核对

≫【任务描述】

本任务主要讲解智能站改扩建 220kV 变压器间隔后主站相关的调试内容。分析了主站相关的 4 个调试步骤。

【知识要点】

同步相量测量功能调试主要涉及相量采集装置和数据集中器设备，实现的是自动化系统相量数据采集和上送主站功能。

无论是消缺重启还是参数下装重启，重启前均需要和主站告知装置需要重启，获批后方可重启远动。对于远动机双重配置独立主机的站应依次对两台远动重启。

重启服务器类型设备，除非死机，否则均建议采用软重启方式。加强对厂家的监护，工作前交代厂家服务人员不得擅自将笔记本接至站控层交换机和调度数据网设备，需要下装远动配置和重启远动前应告诉工作负责人，经工作负责人检查并同意后方可执行。

涉及远动遥控点表的修改的工作，工作负责人必须对新下装的点表进行核查，防止厂家人员疏忽造成遥控点表错误，引起误控。

远动机维护等需要厂家支持的工作，工作负责人必须掌握整个工作过程，知道哪些数据进行了修改，并对修改后的结果进行验证分析，确认测控、后台、远动数值结果一致并正确，不得交给厂家全权负责。

注意调控中心接收遥测方式是浮点数还是码值类型，一般省电力公司调度均采用浮点数，地级市公司调度视情况而定。类型可通过远动参数配置查询、询问调度等方式确认。如采用浮点数，变比系数由厂站设置；如采用码值，系数主站设置，但须和主站确认现场实际的变比，如采用码值上送，需确认码值的满码值以及满码值对应的满刻度值。为了防止溢出，通常厂家会在将满码值对应的满刻度值做放大处理，具体的放大系数应询问厂家人员并告知调控中心。

遥测量核对：首先电压、电流通道通不平衡采样区分相序一次，其次电流电压均满度情况下电流超前电压 $45°$ 功角通 P＋Q——一次，区分 PQ 通道，并用理论计算值校核 P、Q、U、I 系数一次。

遥控试验前双重安全措施：①将运行间隔测控装置远近控把手切至就地位置；②取下运行间隔遥控出口压板。

在自动化工作过程中，涉及调试设备（专用笔记本、U盘、堡垒机等）接入变电站监控系统的工作，需电话联系网络安全主站（包括省调和地调主站），挂检修牌。

工作过程中应使用专用调试笔记本或专用调试U盘，并确保专用调试笔记本未连接外网、未安装开启与工作无关的软件程序等。

工作结束前联系主站，确认无异常告警信号，解除网络安全挂检修牌。

自2021年5月起，网络安全挂检修的措施已转变为自动化工作中的一项工作手续，不再具备屏蔽各类告警信息的作用。现场产生的任何网络安全告警信息，不论当前是否挂检修牌，系统将根据告警级别自动上传至省调乃至国调。

≫【技术要领】

现场校验分为6个步骤：

① 检修人员对新编制的扩建变压器间隔相关信息点表（地调和省调信息表）内容进行审核，检查该信息表与站内相关设备运行功能及遥信、遥测、遥控、告警直传、远程浏览等参数配置，是否一致符合设计要求；

② 数据通信网关机中新扩变压器间隔相关三遥信息转发表（地调和省调转发表）的检查；

③ 检查数据通信网关机与间隔层设备的MMS通信状态正常；

④ 调控中心与变压器间隔交流母线电压、变压器电压、电流、有功功率、无功功率和功率因数、温湿度等遥测信息核对；

⑤ 检查在相应调控中心以及各主站系统检查遥信量的正确性；

⑥ 检查在相应调控中心进行控制操作的正确性。

任务十三　其他功能调试

≫【任务描述】

本任务主要讲解智能站改扩建220kV变压器间隔后，电能表、故障录波器、网络报文记录分析仪、在线监测装置、保护信息管理机等设备调试内容。

> 【技术要领】

其他功能调试分为 5 个步骤：

① 电能表采样值检查；

② 网络报文分析仪报文分析功能、异常报文分析与记录功能、连续记录报文功能和报文召唤功能检查；

③ 变压器故障录波器采样值检查、开关量输入检查、定值修改及核对；

④ 在线监测装置检查，应能从保护装置正确取得保护动作、告警、在线监测、状态变位和中间节点五大类信息，并能从测控取得状态监测、自检告警和通信工况信息，能够从交换机取得状态监测、自检告警和端口信息，并能取得以上装置识别代码、软件版本和设备过程层虚端子配置CRC 码；

⑤ 保护信息管理机检查，包括采样值、开入量、定值、软压板状态和录波文件检查，并且保护信息管理机主站应能正确调取保护管理机相关信息。

任务十四　自主可控新一代变电站改扩建 220kV 变压器间隔配置及在线运维管控工具检查

> 【任务描述】

本任务主要讲解自主可控新一代智能站改扩建 220kV 变压器间隔后，SCD 配置及在线运维管控工具等设备调试内容。

> 【知识要点】

模型裁剪文件 SCD Clipping 工具将全站 SCD 文件按不同应用设备需求

裁剪生成的模型文件。

版本差异报告（file version difference report）工具将两个不同版本的 SCD 文件或模型裁剪文件进行比对，二者不同内容展示的报告。

版本发布（file version publish）工具生成全站 SCD 文件、模型裁剪文件、版本差异报告以及装置模型文件，并存储到平台指定目录，发送版本变更信号至各应用设备。

≫ 【技术要领】

间隔配置及在线运维管控工具检查分为 4 个步骤：

① SCD 配置及在线运维管控工具向基础平台发送权限认证请求，检查管控工具中 220kV 变压器保护装置和测控装置配置文件导入、导出功能是否完善；

② SCD 配置及在线运维管控工具向基础平台发送权限认证请求，检查平台向 220kV 变压器保护装置下装 CID 文件功能是否完善；

③ 检查 SCD 配置及在线运维管控工具向 220kV 变压器保护装置申请版本管理及校验功能是否完善；

④ 检查 SCD 配置及在线运维管控工具进行 SCD 配置、校验功能、模型导出、版本管理等操作时，需要向基础平台申请登录校验，相应流程是否规范。

任务十五　自主可控新一代变电站改扩建 220kV 变压器间隔 GOOSE 双冗余网络开入检查

≫ 【任务描述】

本任务主要讲解自主可控新一代智能站改扩建 220kV 变压器间隔后，变压器保护 GOOSE 双网冗余网络检查验证内容。

◈【知识要点】

保护装置应支持站控层双网冗余连接方式，冗余连接应使用同一报告实例号。

◈【技术要领】

GOOSE 双冗余网络开入检查分为 4 个步骤：

① 针对自主可控新一代变电站还需要增加 GOOSE 双网冗余网络检查，拔除变压器保护站控层 AⅠ（BⅠ）网组网光纤，投入变压器保护三相启动失灵 GOOSE 发送软压板，采用手持式测试仪接收站控层 AⅠ（BⅠ）网报文，检查组网开出功能（三相启动失灵）是否正常；

② 自主可控新一代变电站 GOOSE 双网冗余网络检查，用手持式测试仪模拟母线保护装置发送失灵联跳报文给变压器保护装置，检查站控层 AⅠ（BⅠ）网组网接收功能（失灵联跳）是否正常。

③ 自主可控新一代变电站 GOOSE 双网冗余网络检查，拔除站控层 AⅡ（BⅡ）网组网光纤，投入变压器保护三相启动失灵 GOOSE 发送软压板，采用手持式测试仪接收站控层 AⅡ（BⅡ）网报文，检查组网开出功能（三相启动失灵）是否正常；

④ 自主可控新一代变电站 GOOSE 双网冗余网络检查，用手持式测试仪模拟母线保护装置发送失灵联跳报文给变压器保护装置，检查站控层 AⅡ（BⅡ）网组网接收功能（失灵联跳）是否正常。

任务十六　自主可控新一代变电站改扩建 220kV 变压器间隔 GOOSE 双冗余网络独立性检查

◈【任务描述】

本任务主要讲解自主可控新一代智能站改扩建 220kV 变压器间隔后，

变压器保护 GOOSE 双网冗余网络独立性检查验证内容。

≫【知识要点】

站控层 GOOSE 网络应冗余配置并按照功能相对隔离，应采取措施防止任一网络异常影响其他网络。

≫【技术要领】

变压器保护 GOOSE 双网冗余网络独立性检查验证分为 2 个步骤：

① 站控层 AⅠ（BⅠ）网和 AⅡ（BⅡ）网独立性验证，取下变压器保护站控层 AⅠ（BⅠ）网组网口光纤，检查站控层 AⅠ（BⅠ）网交换机、母线保护装置是否均为 AⅠ（BⅠ）网组网口断链告警；

② 站控层 AⅠ（BⅠ）网和 AⅡ（BⅡ）网独立性验证，取下变压器保护站控层 AⅡ（BⅡ）网组网口光纤，检查站控层 AⅡ（BⅡ）网交换机、母线保护装置是否均为 AⅡ（BⅡ）网组网口断链告警。

≫【典型案例】

1 案例描述

220kV 某变电站改扩建 220kV 新 2 号变压器间隔相关工作。

2 过程分析

（1）不停电阶段。改扩建 220kV 新 2 号变压器间隔，全站 SCD 配置文件制作，新 2 号变压器间隔相关光缆敷设、二次电缆接线，监控后台画面、数据库、五防误闭锁、顺控票、光纤二维链路表制作，远动参数修改、三遥信息核对，新 2 号变压器间隔接入保护管理机、故障录波器、网络分析仪、在线监测装置。新 2 号变压器间隔五防闭锁逻辑及顺控逻辑验证。

（2）停电阶段。220kV 第一、二套母线保护与新扩 2 号变压器间隔相关配置文件下装，变比和描述等相关参数修改，分相电流、隔离开关位置开入、启动失灵、失灵联跳和闭重三跳等相关虚回路验证。220kV 第一、二套母线保护与其他运行间隔相关虚回路验证。220kV 第一、二套母线保护顺控逻辑验证。

110kV母线保护与新扩2号变压器间隔相关配置文件下装，变比和描述等相关参数修改，分相电流、隔离开关位置开入和闭重三跳等相关虚回路验证。110kV母线保护与其他运行间隔相关二次虚回路验证。110kV母线保护顺控逻辑验证。

220kV正、副母线测控防误闭锁逻辑修改及验证。

220kV母联测控相关倒母逻辑验证。

110kV母线测控防误闭锁逻辑修改及验证。

保护管理机、故障录波器、网络报文分析仪和在线监测相关配置文件修改，定值修改，虚回路验证。

3　结论建议

新扩2号变压器间隔保护带负荷试验，220kV第一、二套母线保护带负荷试验，110kV母线保护带负荷试验，带负荷试验结果正确后方可投运。

项目四

220kV智能变电站改扩建220kV母联间隔

>> 【项目描述】

本项目主要讲解 220kV 变电站 220kV 母联间隔扩建内容，包括改扩建220kV 母联间隔保护及自动化设备知识点和技术要领讲解。结合典型案例分析，了解 220kV 变电站 220kV 母联间隔扩建的知识要点，熟悉现场调试流程，掌握调试技能等内容。改扩建 220kV 母联间隔主接线示意图如图 4-1 所示。

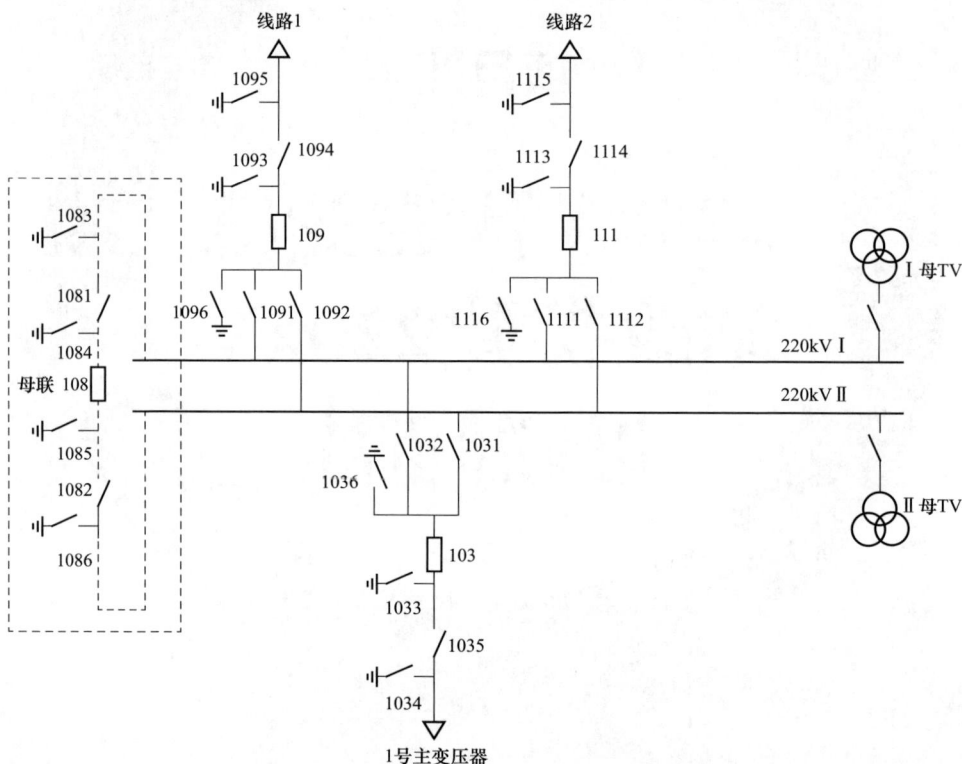

图 4-1　改扩建 220kV 母联间隔主接线示意图

任务一　保护功能调试

>> 【任务描述】

本任务主要讲解智能站改扩建 220kV 母联间隔后母联保护调试的相关

内容。分析了母联保护相关的 10 个调试步骤，并针对自主可控新一代智能变电站，增加了调试步骤，分析了新一代智能变电站中配置及在线运维管控工具和 GOOSE 双网冗余网络独立性检查任务。

≫【知识要点】

220kV 变电站 220kV 母联间隔扩建，首先要掌握母联间隔虚回路及 SCD 制作、220kV 母线保护虚回路修改及验证、本间隔各组电流回路绕组变比的确认、保护调试、检修机制的验证、防跳试验等，自动化调试重点包括三遥信息核对、测控参数的设置、线路测控防误逻辑修改等。

220kV 母联间隔信息流图如图 4-2 所示。

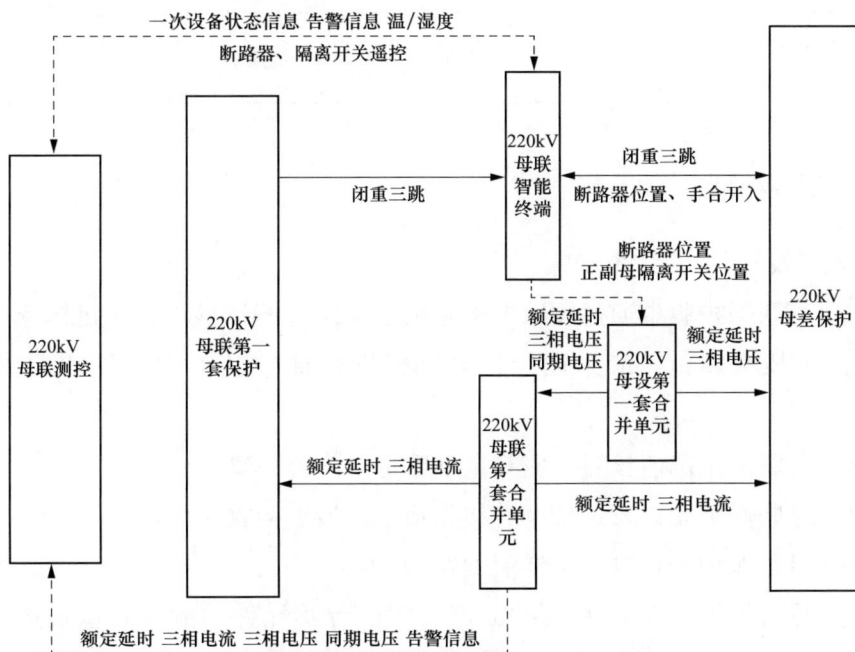

图 4-2 220kV 母联间隔信息流图

母联保护相关二次设备包括本间隔内双重化的两套合并单元、智能终端及母联保护，单套测控装置，相关联的 220kV 母线保护、220kV 母设合并单元。母联间隔保护信息流如表 4-1 所示。

表 4-1   母联间隔保护信息流

装置名称	开入量信号描述	信号来源
220kV 母差第一套保护	断路器总位置、手合 SHJ	220kV 母联第一套智能终端
220kV 母联第一套智能终端	TJR 闭重三跳开入 1	220kV 母联第一套保护
220kV 母联第一套智能终端	TJR 闭重三跳开入 2	220kV 第一套母线保护
220kV 母线第一套合并单元	母联（母分）位置开入、母联（母分）Ⅰ母隔离开关位置开入、母联（母分）Ⅱ母隔离开关位置开入	220kV 母联第一套智能终端
220kV 母联第一套保护	通道延时、ABC 相保护电流 1、ABC 相保护电流 2	220kV 母联第一套合并单元

≫【技术要领】

现场校验分为 12 个步骤：

① 母联保护版本通过国家电网有限公司统一测试核查，满足国家电网有限公司技术规范，应采用浙江电网标准化保护及辅助装置 ICD 模型文件；

② 母联保护定值核对，应与调度整定单内容一致；

③ 母联保护光口发送功率、接收功率、最小接收功率检查；

④ 母联保护分相电流采样值检查；

⑤ 母联保护 SV 接收、GOOSE 发送、保护元件功能等软压板遥控投退一一对应测试；

⑥ 母联保护远方操作压板正确性及唯一性验证；

⑦ 母联保护定值校验和时间测试；

⑧ 母联间隔检修机制验证，见表 4-2。

表 4-2　　　　　　　　　母联间隔检修机制验证

合并单元	保护装置	智能终端	能否出口
正常	正常	正常	可以出口
检修	正常	正常	不能出口
检修	检修	正常	不能出口
检修	检修	检修	可以出口
正常	检修	检修	不能出口
正常	正常	检修	不能出口

⑨ 母联保护 SV 收软压板、GOOSE 发送软压板和智能终端出口硬压板唯一性和正确性验证；

⑩ 整组联动试验正确；

⑪ 针对自主可控新一代变电站，还需增加母联保护装置就地登录身份认证功能、安全审计功能、访问控制检查、关键数据备份与恢复功能和业务逻辑安全性检查；

⑫ 针对自主可控新一代变电站，还需要增加 GOOSE 双网冗余网络检查和 GOOSE 双网冗余网络相互独立性检查。

任务二　测控功能调试

【任务描述】

本任务主要讲解智能站改扩建 220kV 母联间隔后母联测控调试的相关内容。分析了母联测控相关 24 个调试步骤。

【知识要点】

母联测控主要应用于母联分段间隔。

数字测控装置，支持 DL/T 860.92 采样值传输标准的数字采样，采用 GOOSE 报文接收断路器量信号，支持 GOOSE 报文输出控制出口的测控装置。

220kV 母联测控相关信息流图如图 4-3 所示。

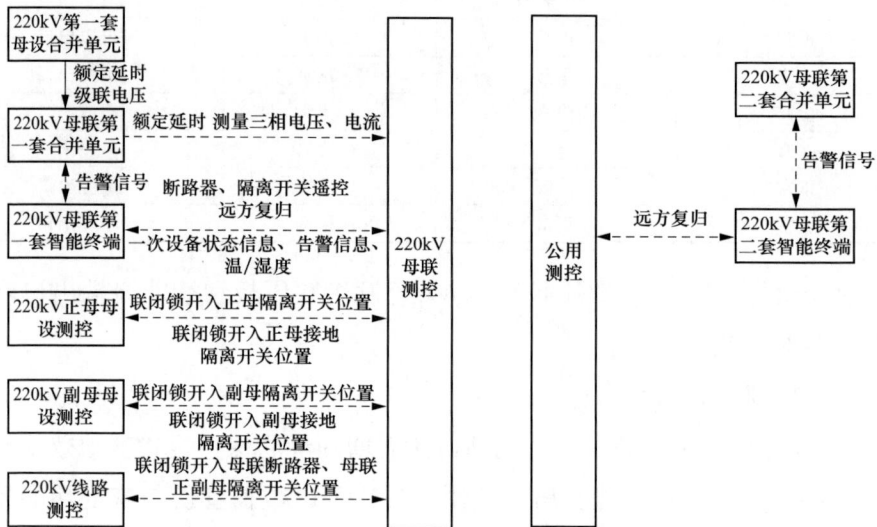

图 4-3　220kV 母联测控相关信息流图

母联测控相关二次设备包括两套合并单元、智能终端、保护装置，220kV 正母线测控装置，220kV 副母线测控装置，公用测控装置。母联间隔测控信息流如表 4-3 所示。

表 4-3　　　　　　　　　　　　母联间隔测控信息流

装置描述	开入量信号描述	信号来源描述
母联测控	额定延时、三相交流母线电压、同期电压、三相交流电流	第一套合并单元
母联测控	SV 总告警、合并单元对时异常、合并单元告警、合并单元闭锁、检修不一致	第一套合并单元
母联测控	GOOSE 总告警、检修不一致、智能终端对时异常、智能终端告警、智能终端闭锁	第一套智能终端
母联测控	断路器、正副母隔离开关、断路器母线侧接地开关、断路器气室告警、断路器气室闭锁、隔离开关气室告警	第一套智能终端
母联测控	断路器隔离开关机构远近控把手、断路器隔离开关解锁/联锁、汇控柜温度、汇控柜湿度	第一套智能终端
母联测控	隔离开关电机电源故障、隔离开关控制电源故障、断路器弹簧未储能、加热照明等告警信号	第一套智能终端
母联测控	控制回路断线、GOOSE 控制块断链告警	第一套智能终端

装置描述	开入量信号描述	信号来源描述
第一套智能终端	断路器、正、副母隔离开关、断路器母线侧接地开关遥控命令、复归	母联测控
母联测控	220kV正母线接地开关位置互锁双点开入	220kV正母线测控
220kV正母线测控	220kV正母隔离开关位置互锁双点开入	母联测控
母联测控	220kV副母线接地开关位置互锁双点开入	220kV副母线测控
220kV副母线测控	220kV副母隔离开关位置互锁双点开入	母联测控
220kV线路测控	母联断路器，正、副母隔离开关位置互锁双点开入	母联测控
220kV变压器高压测控	母联断路器，正、副母隔离开关位置互锁双点开入	母联测控
公用测控	SV总告警、GOOSE告警、合并单元对时异常、合并单元告警、合并单元闭锁、检修不一致	第二套合并单元
公用测控	GOOSE总告警、检修不一致、智能终端对时异常、智能终端告警、智能终端闭锁	第二套智能终端
第二套智能终端	复归	公用测控

【技术要领】

现场校验分为24个步骤：

① 母联测控装置版本通过国家电网有限公司统一测试核查；

② 母联测控装置整定值核对，检查母联测控装置内参数定值与变电站数据采集及控制典型参数推荐定值是否一致；

③ 母联测控装置交流分相电流采样值检查、交流分相母线电压采样和同期电压采样检查；

④ 母联测控装置光口发送功率、接收功率、最小接收功率检查；

⑤ 母联测控中汇控柜温度、汇控柜湿度等直流量检查；

⑥ 母联测控断路器、正副母隔离开关、断路器母线侧接地开关、断路器气室告警、断路器气室闭锁、隔离开关气室告警等开入量检查；

⑦ 母联测控断路器隔离开关机构远近控把手、断路器隔离开关解锁/联锁等开入量检查；

⑧ 母联测控隔离开关电机电源故障、隔离开关控制电源故障、断路器弹簧未储能、加热照明等告警等开入量检查；

⑨ 母联测控第一套合并单元SV总告警、GOOSE总告警、合并单元

对时异常、合并单元告警、合并单元闭锁、检修不一致等开入量检查；

⑩ 母联测控第一套智能终端 GOOSE 总告警、检修不一致、智能终端对时异常、智能终端告警、智能终端闭锁等开入量检查；

⑪ 母联测控控制回路断线、GOOSE 控制块断链告警信息检查；

⑫ 公用测控第二套合并单元 SV 总告警、GOOSE 总告警、合并单元对时异常、合并单元告警、合并单元闭锁、检修不一致等开入量检查；

⑬ 公用测控第二套智能终端 GOOSE 总告警、检修不一致、智能终端对时异常、智能终端告警、智能终端闭锁等开入量检查；

⑭ 母联测控中断路器、隔离开关、接地开关遥控功能核对，测控远方操作压板正确性及唯一性验证；

⑮ 保护装置功能软压板及 GOOSE 软压板遥控功能核对，保护远方操作压板正确性及唯一性验证；

⑯ 母联测控中本间隔隔离开关、接地开关相关防误闭锁逻辑验证；

⑰ 母联测控与 220kV 正、副母线测控相关水平防误闭锁逻辑验证；

⑱ 母联间隔内顺控逻辑验证，包括运行、热备用和冷备用状态切换验证；

⑲ 母联保护顺控逻辑验证，包括信号改跳闸、跳闸改信号；

⑳ 第一套智能终端上远近控切换把手、断路器、隔离开关和接地开关遥控合分闸出口硬压板唯一性和正确性验证；

㉑ 母联测控参数定值核验；

㉒ 母联测控配置修改，倒母逻辑验证；

㉓ 母联测控与 220kV 线路测控相关水平防误闭锁逻辑验证；

㉔ 母联测控与 220kV 变压器高压侧测控相关水平防误闭锁逻辑验证。

任务三　扩建母联间隔合并单元功能调试

》【任务描述】

本任务主要讲解智能站改扩建 220kV 母联间隔后母联合并单元相关调

试内容。分析了母联合并单元相关的 9 个调试步骤，并针对自主可控新一代智能变电站，增加了采集执行单元调试说明，详细分析了新一代智能变电站中母联采集执行单元检查任务。

≫【知识要点】

合并单元是用以对来自二次转换器的电流、电压数据进行时间相关组合的物理单元。合并单元可以是互感器的一个组件，也可以是一个分立单元。

≫【技术要领】

现场校验分为 12 个步骤：

① 母联间隔两套合并单元装置版本通过国家电网有限公司统一测试核查；

② 两套合并单元装置光口发送功率、接收功率、最小接收功率检查；

③ 母联间隔两套合并单元 SV 报文丢帧率、完整率、发送频率和发送间隔离散度检查；

④ 母联间隔两套合并单元交流模拟量幅值误差和相位误差检查；

⑤ 母联间隔两套合并单元谐波对准确度的影响检验；

⑥ 母联间隔两套合并单元采样值报文响应时间测试；

⑦ 母联间隔两套合并单元同步性能测试；

⑧ 母联间隔两套合并单元电压级联功能测试；

⑨ 母设合并单元电压并列功能测试；

⑩ 母联间隔电流回路一点接地和回阻测量；

⑪ 针对自主可控新一代智能变电站采集执行单元，除上述步骤①～⑩外，还应增加单套母联采集执行单元级联两套 220kV 母线采集执行单元电压无缝切换功能检查；

⑫ 针对自主可控新一代智能变电站采集执行单元的级联电压切换把手功能测试。

任务四　扩建母联间隔智能终端功能调试

》【任务描述】

本任务主要讲解智能站改扩建 220kV 母联间隔后母联智能终端调试的相关内容。分析了母联智能终端相关的 12 个调试步骤，并针对自主可控新一代智能变电站，增加了采集执行单元调试说明。

》【知识要点】

智能终端是与一次设备采用电缆连接，与保护、测控等二次设备采用光纤连接，实现对一次设备（如断路器、隔离断路器、变压器等）的测量、控制等功能的一种装置。

》【技术要领】

现场校验分为 12 个步骤：

① 母联间隔两套智能终端装置版本通过国家电网有限公司统一测试核查；

② 母联间隔两套智能终端光口发送功率、接收功率、最小接收功率检查；

③ 母联间隔两套智能终端与保护装置的整组功能检验；

④ 母联间隔两套智能终端与测控装置的整组功能检验；

⑤ 母联间隔两套智能终端 GOOSE 报文接收和发送检验；

⑥ 母联间隔两套智能终端开关量输入动作电压是否满足 55％～70％要求，事件记录时间是否满足 1ms 分辨率测试；

⑦ 母联间隔两套智能终端从接收到保护跳闸、合闸 GOOSE 命令到继电器触点出口动作时间不应大于 5ms 测试；

⑧ 母联间隔两套智能终端防跳功能测试；

⑨ 母联间隔两套智能终端中与断路器合闸线圈和控制器相连接的电压型继电器启动电压不应大于 0.7 倍额定电压，且不小于 0.55 倍额定电压，电流型继电器启动电流不应大于 0.5 倍额定电流检验；

⑩ 母联间隔两套智能终端出口连接片功能测试；

⑪ 母联间隔两套智能终端出口硬压板应采用双联压板，并进行双联压板遥信信号上送监控后台信息核对；

⑫ 针对自主可控新一代智能变电站采集执行单元，按照步骤①～④进行调试。

任务五 220kV 母线保护配置修改及相关虚回路验证

》【任务描述】

本任务主要讲解智能站改扩建 220kV 母联间隔后 220kV 母线保护相关的调试内容。分析了 220kV 母线保护与新扩建母联间隔相关的 8 个调试步骤。

》【知识要点】

220kV 母线保护充电至死区，为防止母联充电到死区故障误跳运行母线，在充电预备状态下（母联 TWJ 为 1 且两母线未全在运行状态），检测到母联合闸开入由 0 变 1，则从大差差动电流启动开始的 300ms 内闭锁差动跳母线，差动跳母联（分段）则不经延时。母联 TWJ 返回大于 500ms 或母联合闸开入正翻转 1s 后，母差功能恢复正常。另外，如果充电过程中母联有流或者母联分列运行压板投入，说明不是充电到死区故障情况，立即解除跳母线的延时。

母线保护最大化配置，即下装配置文件时，应完成母线保护所有支路（包括备用支路）输入虚端子的配置工作，并验证其正确性，其中备用支路可选用任一厂家相应类型的标准化 ICD 模型文件。后续改扩建工程中不再修改或重新下装母线保护的配置文件，母线保护不需要和运行间隔进行传动验证，仅需要和改扩建间隔进行传动验证即可。

母联间隔与 220kV 母线保护联动试验安全措施及注意事项：原母线保护配置文件备份，投检修压板，退 GOOSE 发送软压板，拔除运行间隔跳闸光纤及组网光纤；与运行线路间隔联动实验：线路保护改信号，退运行间隔对应智能终端出口硬压板，退出至另外一套智能终端闭锁重合闸出口硬压板，投入智能终端检修状态硬压板，投入线路保护检修状态硬压板，取下线路纵联差动保护光纤，退出线路保护 GOOSE 跳闸、启动失灵发送软压板，取下线路保护至智能终端光纤，退 220kV 线路第一套智能终端出口硬压板，退出至另外一套智能终端闭锁重合闸出口硬压板，投入智能终端检修状态硬压板；与运行变压器间隔联动实验：变压器保护改信号，投入变压器保护检修状态硬压板，退出失灵联跳接收软压板，退出启动失灵发送软压板，退出三侧 GOOSE 跳闸发送软压板，退出至中压侧母分断路器智能终端出口软压板，退出至中压侧备自投 GOOSE 出口软压板，退出至低压侧备自投 GOOSE 出口软压板，取下至三侧智能终端 GOOSE 发布软压板，取下至中压侧母联智能终端光纤，取下至中压侧备自投光纤，取下至低压侧备自投光纤。

为规范智能变电站新、改扩建工程中继电保护和安全自动装置虚回路配置与验证技术，提高改扩建工作效率，降低现场调试作业风险，减少一次设备陪停和二次设备投退操作，国网浙江省电力有限公司自 2020 年起先后开展了继电保护虚回路镜像模拟传动技术与标准化配置文件应用。

改扩建智能变电站母线保护未实现最大化配置的智能变电站实施改扩建时，需修改相应母线保护的配置文件。为确保母线保护配置文件修改后与运行间隔不再进行实际传动验证，应先通过可视化比对改扩建前后两个 SCD 文件，确认母线保护与运行间隔的虚回路连接未发生变化，再通过光数字继电保护测试仪模拟运行间隔进行两步比对法验证。

改扩建智能变电站母线保护已实现最大化配置的智能变电站实施改扩建时，母线保护不需要和运行间隔进行传动验证，仅需要和改扩建间隔进行传动验证。

两步对比法：①第一步，在母线保护配置未改动的情况下，由光数字式继电保护测试仪使用原 SCD 文件模拟运行设备，与母线保护进行虚回路传动，验证该测试仪能够正确模拟各运行设备；②第二步，母线保护下装新配置文件，比对母线保护过程层虚端子 CRC 校验码与 SCD 文件对应间隔的 CRC 校验码一致后，用通过原 SCD 配置文件验证的测试仪模拟运行间隔，来验证配置文件更改后的母线保护与相关运行间隔虚回路的正确性。

≫【技术要领】

现场校验分为 9 个步骤：

① 220kV 母线保护装置版本通过国家电网有限公司统一测试核查，满足国家电网有限公司技术规范，进一步检查是否采用浙江电网标准化保护及辅助装置 ICD 模型文件，是否满足最大化配置要求；

② 220kV 母线保护中该新扩建母联间隔交流分相电流采样值检查，间隔接收软压板正确性及唯一性检查；

③ 220kV 母线保护断路器位置、手合 SHJ 开入量检查；

④ 220kV 母线保护大差、正母小差和副母小差差流幅值检查；

⑤ 220kV 母线保护与该扩间隔智能终端闭重三跳回路和 GOOSE 跳闸发布软压板唯一性和正确性验证；

⑥ 220kV 母线保护与该扩母联间隔合并单元和智能终端检修机制验证；

⑦ 220kV 母线保护在扩建母联间隔后顺控逻辑验证；

⑧ 220kV 与该新扩间隔相关 GOOSE 和 SV 二维链路表验证；

⑨ 220kV 母线保护与运行间隔相关功能和回路验证，当现场母线保护已实现最大化配置，不再需要与运行间隔进行传动验证，当现场母线保护未实现最大化配置，应先通过可视化比对改扩建前后两个 SCD 文件，确认母线保护与运行间隔的虚回路连接未发生变化，再采用两步对比法验证修改配置后的母线保护与相关运行间隔虚回路的正确性。

任务六　厂站内监控后台三遥信息核对

》【任务描述】

本任务主要讲解智能站改扩建 220kV 母联间隔后，厂站内监控后台相关调试内容。分析了厂站内监控后台相关 15 个调试步骤。

》【知识要点】

应在工厂调试或者集成测试阶段，完成各类设备模型及系统功能的组态配置，完成设备匹配能力与网络性能检验并验收合格，验收资料应完整。

》【技术要领】

现场校验分为 15 个步骤：

①厂站内监控主机中新扩母联间隔相关 SCD 文件配置的检查；

②厂站内监控主机中新扩母联间隔画面及配置检查，包括画面索引、光字牌图、主接线图、间隔分图、应用功能分图、二次设备状态监视图、监控系统网络通信状态图等；

③厂站内监控主机中新扩母联间隔画面标识正确，设备命名正确，图元含义清晰；

④厂站内监控主机中新扩母联间隔中相关二次设备的 MMS、GOOSE、SV 通信状态展示界面正确，模拟关联设备之间的 GOOSE、SV 通信状态断链和恢复，检查监控主机应能正确显示设备 GOOSE、SV 通信状态，模拟关联设备之间的 MMS 单网中断、双网中断，检查监控主机应能正确显示设备 MMS 网络的通信状态，且 MMS 双网的通信状态对应显示正确；

⑤厂站内监控主机与母联间隔交流母线电压、同期电压、电流、汇控柜温湿度等遥测信息核对；

⑥ 厂站内监控主机与母联间隔一次设备相关遥信信息核对；

⑦ 厂站内监控主机与母联间隔内保护装置、测控装置、交换机、合并单元和智能终端等二次设备相关遥信信息核对；

⑧ 厂站内监控主机与母联间隔断路器、隔离开关、接地开关等一次设备相关遥控信息核对；

⑨ 厂站内监控主机中该新扩间隔同期操作功能和强制合闸功能正确性验证；

⑩ 厂站内监控主机与母联间隔保护装置软压板等二次设备相关遥控信息核对，对间隔层设备软压板进行投退遥控操作，检查监控主机界面显示软压板状态与设备实际状态一致；

⑪ 厂站内监控主机中该母联间隔相关一键顺控票正确性验证；

⑫ 厂站内监控主机中该母联间隔保护相关定值调阅与修改功能验证；

⑬ 厂站内监控主机中该母联间隔保护录波调阅功能验证；

⑭ 厂站内监控主机中该母联间隔保护装置、智能终端的保持型信号远方复归功能测试；

⑮ 厂站内监控主机中新扩母联间隔相关防误闭锁逻辑验证，包括独立五防机或嵌入式五防机防误闭锁逻辑验证。

任务七　调控中心三遥信息核对

≫【任务描述】

本任务主要讲解智能站改扩建 220kV 母联间隔后主站相关调试内容。分析了主站相关的 6 个调试步骤。

≫【知识要点】

远动终端：主站监控的子站，实现数据采集、处理、发送、接收以及输出、执行等功能的设备。

【技术要领】

现场校验分为 6 个步骤：

① 检修人员对新编制的扩建母联间隔相关信息点表（地调和省调信息表）内容进行审核，检查该信息表与站内相关设备运行功能及遥信、遥测、遥控、告警直传、远程浏览等参数配置是否一致、符合设计要求；

② 数据通信网关机中新扩母联间隔相关三遥信息转发表（地调和省调转发表）的检查；

③ 检查数据通信网关机与间隔层设备的 MMS 通信状态正常；

④ 调控中心与母联间隔交流母线电压、同期电压、电流、有功功率、无功功率和功率因数、温湿度等遥测信息核对；

⑤ 检查在相应调控中心以及各主站系统检查遥信量的正确性；

⑥ 检查在相应调控中心进行控制操作的正确性。

任务八　其他功能调试

【任务描述】

本任务主要讲解智能站改扩建 220kV 母联间隔后，故障录波器、网络报文记录分析仪、在线监测装置、保护信息管理机等设备调试内容。

【技术要领】

其他功能调试分为 4 个步骤：

① 故障录波器采样值检查、断路器输入量检查、定值修改及核对；

② 在线监测装置检查，应能从保护装置正确取得保护动作、告警、在线监测、状态变位和中间节点五大类信息，并能从测控取得状态监测、自检告警和通信工况信息，能够从交换机取得状态监测、自检告警和端口信息，并能取得以上装置识别代码、软件版本和设备过程层虚端子配置 CRC 码；

③ 保护信息管理机检查，包括采样值、开入量、定值、软压板状态和录波文件检查，并且保护信息管理机主站应能正确调取保护管理机相关信息；

④ 网络报文分析仪报文分析功能、异常报文分析与记录功能、连续记录报文功能和报文召唤功能检查。

任务九　自主可控新一代变电站改扩建 220kV 母联间隔配置及在线运维管控工具检查

▶【任务描述】

本任务主要讲解自主可控新一代智能站改扩建 220kV 母联间隔后，SCD 配置及在线运维管控工具等设备调试内容。

▶【知识要点】

在线运维管控工具用于自主可控新一代变电站建设调试、验收、运维、技改、改扩建过程中配置文件的统一配置、统一出口，保证配置文件操作、流转的唯一性，部署在综合应用主机，并符合综合应用主机相关技术要求，应支持导入、导出操作前后模型文件中私有属性信息不丢失、不篡改。

▶【技术要领】

SCD 配置及在线运维管控工具检查分为 4 个步骤：

① SCD 配置及在线运维管控工具向基础平台发送权限认证请求，检查管控工具中 220kV 母联保护、测控配置文件导入导出功能是否完善；

② SCD 配置及在线运维管控工具向基础平台发送权限认证请求，检查平台向 220kV 母联保护、测控装置下装 CID 文件功能是否完善；

③ 检查 SCD 配置及在线运维管控工具向 220kV 母联保护、测控装置申请版本管理及校验功能是否完善；

④ 检查 SCD 配置及在线运维管控工具进行 SCD 配置、校验功能、模

型导出、版本管理等操作时，需要向基础平台申请登录校验，相应流程是否规范。

任务十　自主可控新一代变电站改扩建 220kV 母联间隔 GOOSE 双冗余网络开入检查

》【任务描述】

本任务主要讲解自主可控新一代智能站改扩建 220kV 母联间隔后，母联保护 GOOSE 双网冗余网络检查验证内容。

》【知识要点】

保护装置应支持站控层双网冗余连接方式，冗余连接应使用同一报告实例号。

》【技术要领】

GOOSE 双冗余网络开入检查分为 2 个步骤：

① 取下站控层 AⅠ（BⅠ）网组网光纤，投入母联保护启动失灵 GOOSE 发送软压板，采用手持式测试仪接收站控层 AⅠ（BⅠ）网报文，检查组网开出功能（启动失灵）是否正常；

② 取下站控层 AⅡ（BⅡ）网组网光纤，投入母联保护启动失灵 GOOSE 发送软压板，采用手持式测试仪接收站控层 AⅡ（BⅡ）网报文，检查组网开出功能（启动失灵）是否正常。

任务十一　自主可控新一代变电站 GOOSE 双冗余网络独立性检查

》【任务描述】

本任务主要讲解针对自主可控新一代智能站改扩建 220kV 母联间隔

后，母联保护 GOOSE 双网冗余网络独立性检查验证内容。

》【知识要点】

站控层 GOOSE 网络应冗余配置并按照功能相对隔离，应采取措施防止任一网络异常影响其他网络。

》【技术要领】

GOOSE 双冗余网络独立性检查应分为 2 个步骤：

① 站控层 AⅠ（BⅠ）网和 AⅡ（BⅡ）网独立性验证，取下母联保护站控层 AⅠ（BⅠ）网组网口光纤，检查站控层 AⅠ（BⅠ）网交换机、母线保护装置是否均为 AⅠ（BⅠ）网组网口断链告警；

② 站控层 AⅠ（BⅠ）网和 AⅡ（BⅡ）网独立性验证，取下母联保护站控层 AⅡ（BⅡ）网组网口光纤，检查站控层 AⅡ（BⅡ）网交换机、母线保护装置是否均为 AⅡ（BⅡ）网组网口断链告警。

》【典型案例】

1　案例描述

220kV 某变电站改扩建 220kV 母联间隔相关工作。

2　过程分析

（1）不停电阶段。扩建 220kV 母联间隔，全站 SCD 配置文件修改，新母联间隔相关光缆敷设、二次电缆接线，监控后台画面、数据库、五防误闭锁、顺控票、光纤二维链路表制作，单间隔保护、合并单元、智能终端调试、远动参数修改、三遥信息核对，母联间隔接入保护管理机、故障录波器、网络分析仪、在线监测装置。新线路间隔五防闭锁逻辑及顺控逻辑验证。

（2）停电阶段。220kV 第一、二套母线保护相关配置文件下装，变比和描述等相关参数修改，分相电流、断路器位置开入、手合 SHJ 开入、闭重三跳等相关虚回路验证。220kV 第一、二套母线保护与其他运行间隔采用不停电扩建验证方式，利用同型号智能终端，将运行间隔智能终端配置文件下装到该试验智能终端中，利用试验智能终端验证修改配置文件后的220kV母线保护与运行间隔相关二次虚回路。220kV第一、二套母线保护顺控逻辑验证。

保护管理机、故障录波器、网络报文分析仪和在线监测相关配置文件修改，定值修改，虚回路验证。

3　结论建议

新扩母联间隔保护带负荷试验，220kV第一、二套母线保护带负荷试验，带负荷试验结果正确后方可投运。

项目五

220kV智能变电站改扩建110kV新母分间隔

⟫【项目描述】

本项目主要讲解 220kV 变电站 110kV 母分间隔扩建等内容。通过改扩建 110kV 母分间隔保护及自动化设备知识点和技术要领讲解，结合典型案例分析，了解 220kV 变电站 110kV 母分间隔扩建时相关的继电保护及自动化设备，熟悉扩建流程，掌握 110kV 母分保护及备自投保护的调试流程等内容。

改扩建 110kV 母分间隔主接线示意图如图 5-1 所示。

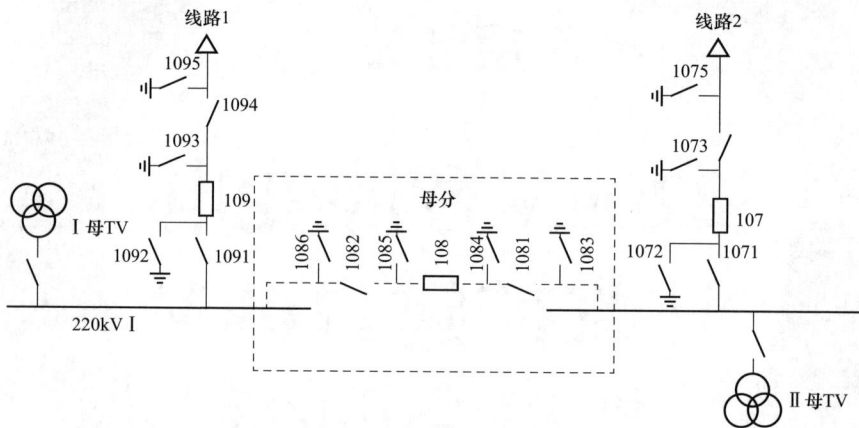

图 5-1　改扩建 110kV 母分间隔主接线示意图

任务一　保护功能调试

⟫【任务描述】

本任务主要讲解智能站改扩建 110kV 母分间隔后母分保护调试的相关内容。分析了母分保护相关 12 个调试步骤。

⟫【知识要点】

220kV 变电站 110kV 母分间隔扩建时需重点关注的是 110kV 母线保护中母分间隔的电流极性、220kV 变压器保护及 220kV 变压器 110kV 侧智能终端相关虚回路、配置文件修改及联动试验、相关检修机制的验证等。

110kV 母分间隔信息流图如图 5-2 所示。

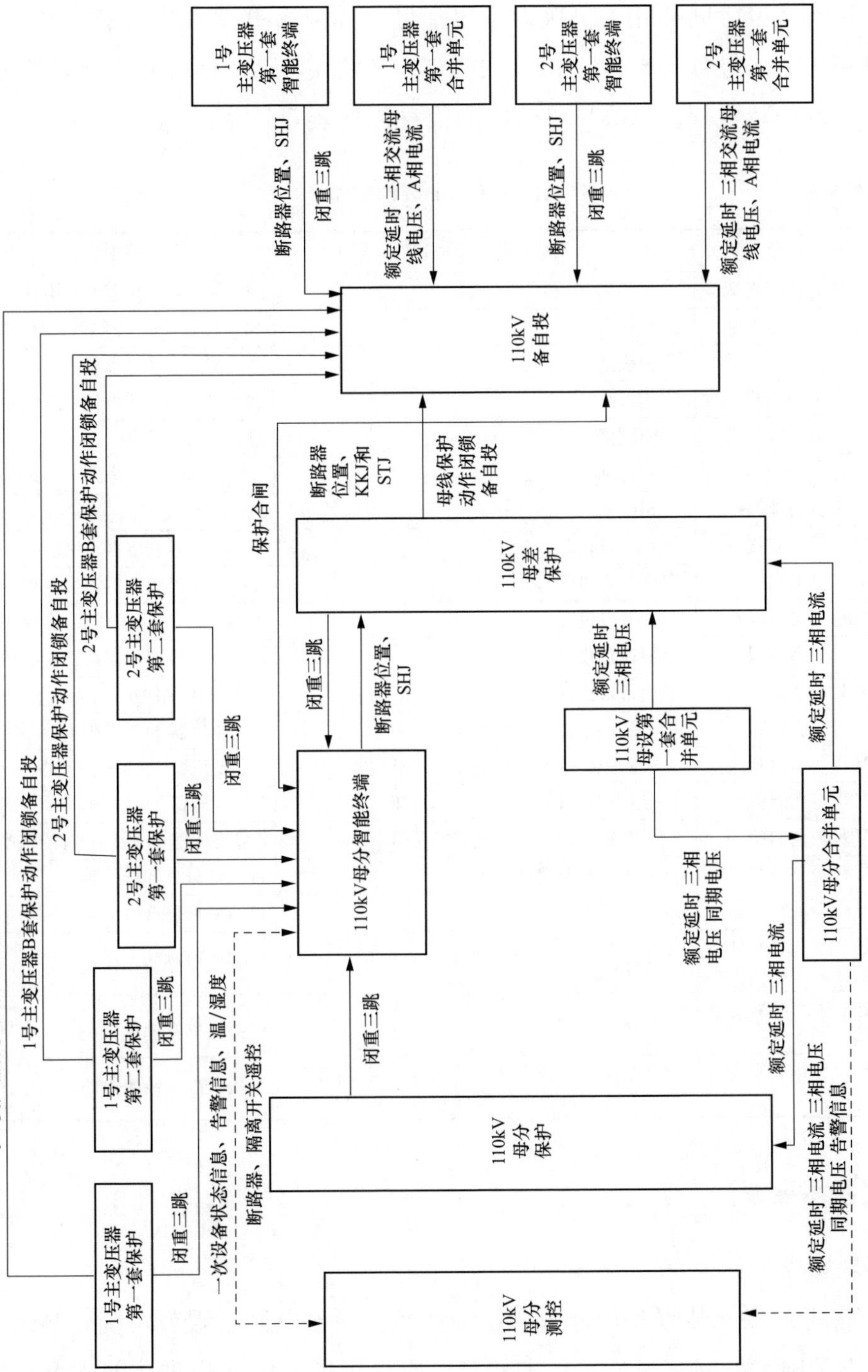

1号主变压器第一套智能终端

1号主变压器第一套合并单元

2号主变压器第一套智能终端

2号主变压器第一套合并单元

断路器位置、SHJ 闭重三跳

额定延时 三相交流母线电压、A相电流

断路器位置、SHJ 闭重三跳

额定延时 三相交流母线电压、A相电流

110kV 备自投

1号主变压器保护动作闭锁备自投

1号主变压器B套保护动作闭锁备自投

2号主变压器保护动作闭锁备自投

2号主变压器B套保护动作闭锁备自投

保护合闸

断路器位置、KKJ和STJ

母线保护闭锁动作备自投

110kV 母差保护

2号主变压器第二套保护

2号主变压器第一套保护

闭重三跳

断路器位置、SHJ

闭重三跳

闭重三跳

110kV 母分智能终端

额定延时 三相电压

110kV 母设第一套合并单元

额定延时 三相电流

110kV母分合并单元

1号主变压器第二套保护

1号主变压器第一套保护

闭重三跳

闭重三跳

一次设备状态信息、告警信息、温/湿度

断路器、隔离开关遥控

闭重三跳

110kV 母分保护

额定延时 三相同期电压

额定延时 三相电流 告警信息

110kV 母分测控

断路器状态信息、告警信息、隔离开关遥控

额定延时 三相电流 同期电压

图5-2 110kV母分间隔信息流图

110kV 母分间隔相关二次设备包括母分间隔合并单元、智能终端、母分保测装置、母分备自投，相关联的二次设备包括 110kV 母设合并单元、变压器保护装置等。110kV 母分间隔信息流如表 5-1 所示。

表 5-1　　　　　　　　　　　　110kV 母分间隔信息流

装置名称	开入量信号描述	信号来源
110kV 母分智能终端	三相跳闸	220kV 1 号变压器第一套保护
110kV 母分智能终端	三相跳闸	220kV 1 号变压器第二套保护
110kV 母分智能终端	三相跳闸	220kV 2 号变压器第一套保护
110kV 母分智能终端	三相跳闸	220kV 2 号变压器第二套保护
110kV 母分智能终端	三相跳闸	110kV 母分保护
110kV 母分智能终端	三相合闸	110kV 母分备自投
110kV 母分智能终端	三相跳闸	110kV 母线保护
110kV 母分备自投	闭锁备自投开入	220kV 1 号变压器第一套保护
110kV 母分备自投	闭锁备自投开入	220kV 1 号变压器第二套保护
110kV 母分备自投	闭锁备自投开入	220kV 2 号变压器第一套保护
110kV 母分备自投	闭锁备自投开入	220kV 2 号变压器第二套保护
110kV 母分备自投	闭锁备自投开入	110kV 母差保护
110kV 母分备自投	1 号变压器 110kV 侧电流、母线电压	1 号变压器 110kV 侧合并单元
110kV 母分备自投	2 号变压器 110kV 侧电流、母线电压	2 号变压器 110kV 侧合并单元
110kV 母分备自投	1 号变压器 110kV 侧断路器位置	1 号变压器 110kV 侧智能终端
110kV 母分备自投	2 号变压器 110kV 侧断路器位置	2 号变压器 110kV 侧智能终端
110kV 母分备自投	110kV 母分断路器位置	110kV 母分智能终端
110kV 母分保护	110kV 母分电流	110kV 母分合并单元
1 号变压器 110kV 侧智能终端	三相跳闸	110kV 母分备自投
2 号变压器 110kV 侧智能终端	三相跳闸	110kV 母分备自投
110kV 母线第一套合并单元	母分断路器位置开入、母分Ⅰ母隔离开关位置开入、母分Ⅱ母隔离开关位置开入	110kV 母分智能终端

》【技术要领】

现场校验分为 12 个步骤：

① 母分保测装置和母分备自投装置通过国家电网有限公司统一测试核查，满足国家电网有限公司技术规范，应采用浙江电网标准化保护及辅助

装置 ICD 模型文件；

② 母分保护和母分备自投定值核对，应与调度整定单内容一致；

③ 母分保测装置和母分备自投装置光口发送功率、接收功率、最小接收功率检查；

④ 母分保测装置和母分备自投装置 SV 接收、GOOSE 发送、保护元件功能等软压板遥控投退一一对应测试；

⑤ 母分保测装置和母分备自投装置远方操作压板正确性及唯一性验证；

⑥ 母分保测分相保护电流采样值检查；

⑦ 母分充电过流保护及零序过流保护定值校验、时间测试；

⑧ 母分备自投电压电流采样检查，进线断路器及母分断路器位置，变压器保护、母线保护闭锁备自投保护开入量检查；

⑨ 母分备自投充放电条件、电压电流定值校验、时间测试测试；

⑩ 母分间隔检修机制验证；

⑪ 母分保护 SV 收软压板、GOOSE 发送软压板和智能终端出口硬压板唯一性和正确性验证；

⑫ 母分断路器防跳及整组联动试验；

任务二 测 控 功 能 调 试

≫【任务描述】

本任务主要讲解智能站改扩建 110kV 母分间隔后母分测控调试的相关内容。分析了母分测控相关 16 个调试步骤。

≫【知识要点】

母联测控主要应用于母联分段间隔。

数字测控装置支持 DL/T 860.92 采样值传输标准的数字采样，采用 GOOSE 报文接收断路器量信号，支持 GOOSE 报文输出控制出口的测控装置。

110kV母分测控相关信息流图如图5-3所示。

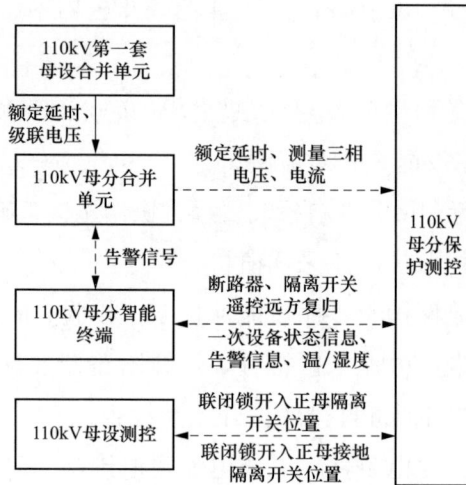

图5-3　110kV母分测控相关信息流图

母分测控相关二次设备包括合并单元、智能终端，110kV母线测控装置。母分间隔测控信息流如表5-2所示。

表5-2　　　　　　　　　　　　母分间隔测控信息流

装置描述	开入量信号描述	信号来源描述
母分保测	额定延时、三相交流母线电压、同期电压、三相交流电流	合并单元
母分保测	SV总告警、GOOSE总告警、合并单元对时异常、合并单元告警、合并单元闭锁、检修不一致	合并单元
母分保测	GOOSE总告警、检修不一致、智能终端对时异常、智能终端告警、智能终端闭锁	智能终端
母分保测	断路器、母线隔离开关、断路器母线侧接地开关、断路器气室告警、断路器气室闭锁、隔离开关气室告警，断路器、正副母隔离开关、断路器正副母线侧接地开关位置	智能终端
母分保测	断路器隔离开关机构远近控把手、断路器隔离开关解锁/联锁、汇控柜温度、汇控柜湿度	智能终端
母分保测	隔离开关电机电源故障、隔离开关控制电源故障、断路器弹簧未储能、加热照明等告警信号	智能终端
母分保测	控制回路断线、GOOSE控制块断链告警	智能终端
智能终端	断路器、母线隔离开关、断路器母线侧接地开关遥控命令、复归	母分保测
母分保测	110kV母线接地开关位置互锁双点开入	110kV母线测控
110kV母线测控	110kV母线隔离开关位置互锁双点开入	母分保测

102

>> 【技术要领】

现场校验分为18个步骤：

① 母分测控装置版本通过国家电网有限公司统一测试核查；

② 母分测控装置整定值核对，检查母分测控装置内定值与变电站数据采集及控制典型参数推荐定值是否一致；

③ 母分保测装置测量交流分相电流采样值检查、交流分相母线电压和同期电压采样检查；

④ 母分保测汇控柜温度、汇控柜湿度等直流量检查；

⑤ 母分保测断路器、母线隔离开关、断路器母线侧接地开关位置、断路器气室告警、断路器气室闭锁、隔离开关气室告警等开入量检查；

⑥ 母分保测断路器隔离开关机构远近控把手、断路器隔离开关解锁/联锁等开入量检查；

⑦ 母分保测隔离开关电机电源故障、隔离开关控制电源故障、断路器弹簧未储能、加热照明等告警等开入量检查；

⑧ 母分保测合并单元SV总告警、GOOSE总告警、合并单元对时异常、合并单元告警、合并单元闭锁、检修不一致等开入量检查；

⑨ 母分保测智能终端GOOSE总告警、检修不一致、智能终端对时异常、智能终端告警、智能终端闭锁等开入量检查；

⑩ 母分保测控制回路断线、GOOSE控制块断链告警信息检查；

⑪ 母分保测中断路器、隔离开关、接地开关遥控功能核对，测控远方操作压板正确性及唯一性验证；

⑫ 保护装置功能软压板及GOOSE软压板遥控功能核对，保护远方操作压板正确性及唯一性验证；

⑬ 母分保测中本间隔隔离开关、接地开关相关防误闭锁逻辑验证；

⑭ 母分保测与110kV母线测控相关水平防误闭锁逻辑验证；

⑮ 母分间隔内顺控逻辑验证，包括运行、热备用和冷备用状态切换验证；

⑯ 母分保护顺控逻辑验证，包括信号改跳闸、跳闸改信号状态；

⑰ 母分智能终端上远近控切换把手，断路器、隔离开关和接地开关遥控合分闸出口硬压板唯一性和正确性验证；

⑱ 母分测控参数定值核验。

任务三　合并单元功能调试

》【任务描述】

本任务主要讲解智能站改扩建 110kV 母分间隔后母分合并单元调试的相关内容。分析了母分合并单元相关的 9 个调试步骤。

》【知识要点】

合并单元是用以对来自二次转换器的电流、电压数据进行时间相关组合的物理单元。合并单元可以是互感器的一个组件，也可以是一个分立单元。

》【技术要领】

现场校验分为 9 个步骤：

① 母分间隔合并单元装置版本通过国家电网有限公司统一测试核查；

② 母分间隔合并单元装置光口发送功率、接收功率、最小接收功率检查；

③ 母分间隔合并单元 SV 报文丢帧率、完整率、发送频率和发送间隔离散度检查；

④ 母分间隔合并单元交流模拟量幅值误差和相位误差检查；

⑤ 母分间隔合并单元谐波对准确度的影响检验；

⑥ 母分间隔合并单元采样值报文响应时间测试；

⑦ 母分间隔合并单元同步性能测试；

⑧ 母分间隔合并单元电压级联功能测试；

⑨ 母分电流回路一点接地和回阻测量。

任务四　母分智能终端功能调试

》【任务描述】

本任务主要讲解智能站改扩建110kV母分间隔后母分智能终端调试的相关内容。分析了母分智能终端相关11个调试步骤。

》【知识要点】

智能终端是与一次设备采用电缆连接，与保护、测控等二次设备采用光纤连接，实现对一次设备（如断路器、隔离断路器、变压器等）的测量、控制等功能的一种装置。

变压器保护与110kV母分断路器联动试验安全措施及注意事项：变压器保护改信号，退出变压器保护除跳110kV母分智能终端外所有GOOSE发布软压板，投入检修压板，拔出高中低侧GOOSE直跳光纤，投入110kV母分智能终端检修状态硬压板。

》【技术要领】

现场校验分为11个步骤：

① 母分间隔智能终端装置版本通过国家电网有限公司统一测试核查；

② 母分间隔智能终端装置光口发送功率、接收功率、最小接收功率检查；

③ 母分间隔智能终端与母分保护装置、母分备自投、母线保护装置、主变压器保护装置的整组功能检验；

④ 母分间隔智能终端与母分测控装置的整组功能检验；

⑤ 母分间隔智能终端GOOSE报文接收和发送检验；

⑥ 母分间隔智能终端开关量输入动作电压是否满足 55％～70％要求，事件记录时间是否满足 1ms 分辨率测试；

⑦ 母分间隔智能终端从接收到保护跳闸、合闸 GOOSE 命令到继电器触点出口动作时间不应大于 5ms 测试；

⑧ 母分间隔智能终端防跳功能测试；

⑨ 母分间隔智能终端中与断路器合闸线圈和控制器相连接的电压型继电器启动电压不应大于 0.7 倍额定电压，且不小于 0.55 倍额定电压，电流型继电器启动电流不应大于 0.5 倍额定电流检验；

⑩ 母分间隔智能终端出口连接片功能测试；

⑪ 母分间隔智能终端出口硬压板应采用双联压板，并进行双联压板遥信信号上送监控后台信息核对。

任务五　110kV 母线保护配置修改及相关虚回路验证

≫【任务描述】

本任务主要讲解智能站改扩建 110kV 母分间隔后，110kV 母线保护相关调试内容。分析了 110kV 母线保护与新扩建母分间隔相关的 9 个调试步骤。

≫【知识要点】

母联合位死区：若母联断路器和母联 TA 之间发生故障，断路器侧母线跳开后故障仍然存在，正好处于 TA 侧母线小差的死区，为提高保护动作速度，专设了母联死区保护。本装置的母联死区保护在差动保护发母联跳令后，母联断路器已跳开而母联 TA 仍有电流，且大差比率差动元件不返回的情况下，经死区动作延时 150ms 将母联电流退出小差。

母联分位死区：为防止母联在跳位时发生死区故障将母线全切除，当保护未启动，两母线处运行状态、母联分列运行压板投入且母联在跳位时，母联电流不计入小差。

母线保护最大化配置，即下装配置文件时，应完成母线保护所有支路（包括备用支路）输入虚端子的配置工作并验证其正确性，其中备用支路可选用任一厂家相应类型的标准化 ICD 模型文件。后续改扩建工程中不再修改或重新下装母线保护的配置文件，母线保护不需要和运行间隔进行传动验证，仅需要和改扩建间隔进行传动验证。

为规范智能变电站新、改扩建工程中继电保护和安全自动装置虚回路配置与验证技术，提高改扩建工作效率，降低现场调试作业风险，减少一次设备陪停和二次设备投退操作，国网浙江电力自 2020 年起先后开展了继电保护虚回路镜像模拟传动技术与标准化配置文件应用。

改扩建智能变电站母线保护未实现最大化配置的智能变电站实施改扩建时，需修改相应母线保护的配置文件。为确保母线保护配置文件修改后与运行间隔不再进行实际传动验证，应先通过可视化比对改扩建前后两个 SCD 文件，确认母线保护与运行间隔的虚回路连接未发生变化，再通过光数字继电保护测试仪模拟运行间隔进行两步比对法验证。

改扩建智能变电站母线保护已实现最大化配置的智能变电站实施改扩建时，母线保护不需要和运行间隔进行传动验证，仅需要和改扩建间隔进行传动验证。

两步对比法：①第一步，在母线保护配置未改动的情况下，由光数字式继电保护测试仪使用原 SCD 文件模拟运行设备，与母线保护进行虚回路传动，验证该测试仪能够正确模拟各运行设备；②第二步，母线保护下装新配置文件，比对母线保护过程层虚端子 CRC 校验码与 SCD 文件对应间隔的 CRC 校验码一致后，用通过原 SCD 配置文件验证的测试仪模拟运行间隔，来验证配置文件更改后的母线保护与相关运行间隔虚回路的正确性。

≫【技术要领】

通过扫描右侧二维码可观看 110kV 母分间隔与 110kV 母差相关功能和二次回路验证视频。

现场校验分为 9 个步骤：

① 110kV 母线保护版本通过国家电网有限公司统一测试核查，满足国家电网有限公司技术规范，进一步检查是否采用浙江电网标准化保护及辅助装置 ICD 模型文件，是否满足最大化配置要求；

② 110kV 母线保护中该新扩母分间隔交流分相电流采样值检查，间隔接收软压板唯一性和正确性验证；

③ 110kV 母线保护大差、Ⅰ母小差和Ⅱ母小差差流幅值检查；

④ 110kV 母线保护中母分断路器位置及手合 SHJ 开入检查；

⑤ 110kV 母线保护与该新扩母分间隔智能终端 GOOSE 跳闸发布软压板唯一性和正确性验证；

⑥ 110kV 母线保护与母分间隔合并单元和智能终端检修机制验证；

⑦ 110kV 母线保护与该新扩母分间隔相关一键顺控逻辑验证；

⑧ 110kV 母线保护与该新扩间隔相关 GOOSE 和 SV 二维链路表正确性验证；

⑨ 110kV 母线保护与运行间隔相关功能和回路验证，当现场母线保护已实现最大化配置，不再需要与运行间隔进行传动验证；当现场母线保护未实现最大化配置，应先通过可视化比对改扩建前后两个 SCD 文件，确认母线保护与运行间隔的虚回路连接未发生变化，再采用两步对比法验证修改配置后的母线保护与相关运行间隔虚回路的正确性。

任务六　变压器 110kV 侧智能终端配置修改及与 110kV 备自投、变压器保护相关虚回路验证

》【任务描述】

本任务主要讲解智能站改扩建 110kV 母分间隔后，110kV 备自投与变压器保护及变压器中压侧智能终端相关调试内容。分析了 110kV 备自投与变压器间隔相关的 8 个调试步骤。

》【知识要点】

110kV 备自投引入 1 号变压器保护动作、2 号变压器保护动作开入用

于内桥接线时的备自投闭锁逻辑。

≫【技术要领】

现场校验分为 8 个步骤，分别为：

① 现场安全措施布置及变压器 110kV 侧智能终端配置文件备份；

② 通过可视化比对改扩建前后两个 SCD 文件，确认主变压器 110kV 侧智能终端与运行设备的相关二次虚回路连接未发生变化，仅增加与 110kV 备自投相关二次虚回路；

③ 变压器 110kV 侧智能终端配置文件更新及下装；

④ 变压器保护与变压器 110kV 侧智能终端联动试验；

⑤ 110kV 备自投与变压器 110kV 侧智能终端联动试验；

⑥ 110kV 母线保护与变压器 110kV 侧智能终端联动试验；

⑦ 变压器 110kV 侧智能终端配置文件更新后，相关遥测、遥信和遥控信息核对；

⑧ 变压器 110kV 侧智能终端在监控主机中相关 GOOSE 和 SV 二维链路表验证。

任务七　母分智能终端与变压器保护相关虚回路验证

≫【任务描述】

本任务主要讲解智能站改扩建 110kV 母分间隔后，110kV 母分间隔与变压器保护相关调试内容。分析了变压器保护与母分间隔相关 3 个调试步骤。

≫【技术要领】

现场校验分为 3 个步骤：

① 110kV 母分智能终端与变压器保护闭重三跳回路验证，变压器保护

GOOSE 发送软压板唯一性和正确性验证；

②110kV 母分智能终端与变压器保护检修机制验证；

③110kV 母分智能终端与该新扩间隔相关 GOOSE 和 SV 二维链路表验证。

任务八　110kV 备自投相关虚回路验证

≫【任务描述】

本任务主要讲解智能站改扩建 110kV 备自投后备自投调试的相关内容。分析了备自投相关 5 个调试步骤。

≫【知识要点】

变压器 110kV 侧间隔与 110kV 母分备自投联动试验安全措施及注意事项：变压器 110kV 第一套智能终端检修压板投入，出口硬压板退出，110kV 母线保护及变压器保护 GOOSE 直跳光纤取下，变压器 110kV 第一套智能终端配置文件备份后，导入新配置文件，跳闸联动到智能终端点灯。变压器保护改信号，退出变压器保护除跳 110kV 母分智能终端外所有 GOOSE 发布软压板，拔出高中低侧 GOOSE 直跳光纤，投入检修压板；投入 110kV 备自投检修状态硬压板，退出 110kV 备自投至运行变压器间隔跳合闸 GOOSE 发布软压板，取下 110kV 备自投装置背板上至运行变压器间隔智能终端跳合闸 GOOSE 发送光纤。

≫【技术要领】

现场校验分为 6 个步骤：

①110kV 备自投中交流母线电压、主变压器中压侧电流采样值检查，SV 接收软压板正确性验证；

②110kV 备自投中该变压器间隔第一、二套保护动作闭锁备自投开入

量检查；

③ 110kV 备自投与该扩间隔中压侧智能终端闭重三跳回路出口回路及发布软压板验证；

④ 110kV 备自投与变压器保护、合并单元和智能终端检修机制验证；

⑤ 110kV 备自投整组试验；

⑥ 110kV 备自投与该新扩间隔相关 GOOSE 和 SV 二维链路表验证；

任务九 厂站内监控后台三遥信息核对

》【任务描述】

本任务主要讲解智能站改扩建 110kV 母分间隔后，厂站内监控后台相关调试内容。通过分析厂站内监控后台相关的 15 个调试步骤。

》【技术要领】

现场校验分为 15 个步骤：

① 厂站内监控主机中新扩母分间隔相关 SCD 文件配置的检查；

② 厂站内监控主机中新扩母分间隔画面及配置检查，包括画面索引、光字牌图、主接线图、间隔分图、应用功能分图、二次设备状态监视图、监控系统网络通信状态图等；

③ 厂站内监控主机中新扩母分间隔画面标识正确，设备命名正确，图元含义清晰；

④ 厂站内监控主机中新扩母分间隔中相关二次设备的 MMS、GOOSE、SV 通信状态展示界面正确，模拟关联设备之间的 GOOSE、SV 通信状态断链和恢复，检查监控主机应能正确显示设备 GOOSE、SV 通信状态，模拟关联设备之间的 MMS 单网中断、双网中断，检查监控主机应能正确显示设备 MMS 网络的通信状态，且 MMS 双网的通信状态对应显示正确；

⑤厂站内监控主机与母分间隔交流母线电压、同期电压、电流、汇控柜温湿度等遥测信息核对；

⑥厂站内监控主机与母分间隔一次设备相关遥信信息核对；

⑦厂站内监控主机与母分间隔内保护装置、测控装置、交换机、合并单元和智能终端等二次设备相关遥信信息核对；

⑧厂站内监控主机与母分间隔断路器、隔离开关、接地开关等一次设备相关遥控信息核对；

⑨厂站内监控主机中该新扩间隔同期操作功能和强制合闸功能正确性验证；

⑩厂站内监控主机与母分间隔保护装置软压板等二次设备相关遥控信息核对，对间隔层设备软压板进行投退遥控操作，检查监控主机界面显示软压板状态与设备实际状态一致；

⑪厂站内监控主机中该母分间隔相关一键顺控票正确性验证；

⑫厂站内监控主机中该母分间隔保护相关定值调阅与修改功能验证；

⑬厂站内监控主机中该母分间隔保护录波调阅功能验证；

⑭厂站内监控主机中该母分间隔保护装置、智能终端的保持型信号远方复归功能测试；

⑮厂站内监控主机中新扩母分间隔相关防误闭锁逻辑验证，包括独立五防机或嵌入式五防机防误闭锁逻辑验证。

任务十　调控中心三遥信息核对

≫【任务描述】

本任务主要讲解智能站改扩建 110kV 母分间隔后主站相关调试内容。分析了主站相关 6 个调试步骤。

≫【技术要领】

现场校验分为 6 个步骤：

① 检修人员对新编制的扩建母分间隔相关信息点表（地调信息表）内容进行审核，检查该信息表与站内相关设备运行功能及遥信、遥测、遥控、告警直传、远程浏览等参数配置，是否一致，是否符合设计要求；

② 数据通信网关机中新扩母分间隔相关三遥信息转发表（地调转发表）的检查；

③ 检查数据通信网关机与间隔层设备的 MMS 通信状态；

④ 调控中心与母分间隔交流母线电压、母分电压、电流、有功功率、无功功率和功率因数、温湿度等遥测信息核对；

⑤ 检查在相应调控中心以及各主站系统检查遥信量的正确性；

⑥ 检查在相应调控中心进行控制操作的正确性；

任务十一　其他功能调试

≫【任务描述】

本任务主要讲解智能站改扩建 110kV 母分间隔后，故障录波器、网络报文记录分析仪、在线监测装置、保护信息管理机等设备调试内容。

≫【技术要领】

其他功能调试分为 4 个步骤：

① 故障录波器采样值检查、断路器输入量检查、定值修改及核对；

② 在线监测装置检查，应能从保护装置正确取得保护动作、告警、在线监测、状态变位和中间节点五大类信息，并能从测控取得状态监测、自检告警和通信工况信息，能够从交换机取得状态监测、自检告警和端口信息，并能取得以上装置识别代码、软件版本和设备过程层虚端子配置 CRC 码；

③ 保护信息管理机检查，包括采样值、开入量、定值、软压板状态和录波文件检查，并且保护信息管理机主站应能正确调取保护管理机相关信息；

④ 网络报文分析仪报文分析功能、异常报文分析与记录功能、连续记录报文功能和报文召唤功能检查。

任务十二　自主可控新一代变电站改扩建 110kV 母分间隔配置及在线运维管控工具检查

≫【任务描述】

本任务主要讲解自主可控新一代智能站改扩建 110kV 母分间隔后，SCD 配置及在线运维管控工具等设备调试内容。

≫【技术要领】

SCD 配置及在线运维管控工具等设备调试内容分为 4 个步骤：

① SCD 配置及在线运维管控工具向基础平台发送权限认证请求，检查管控工具中 110kV 母分保护测控装置配置文件导入导出功能是否完善；

② SCD 配置及在线运维管控工具向基础平台发送权限认证请求，检查平台向 110kV 母分保护测控装置下装 CID 文件功能是否完善；

③ 检查 SCD 配置及在线运维管控工具向基础平台中 110kV 母分保护测控装置申请版本管理及校验功能是否完善；

④ 检查 SCD 配置及在线运维管控工具进行 SCD 配置、校验功能、模型导出、版本管理等操作时，需要向基础平台申请登录校验，相应流程是否规范。

任务十三　自主可控新一代变电站改扩建 110kV 母分间隔 GOOSE 双冗余网络独立性检查

≫【任务描述】

本任务主要讲解自主可控新一代智能站改扩建 110kV 母分间隔后，母分保测装置 GOOSE 双网冗余网络独立性检查验证内容。

》【技术要领】

GOOSE 双冗余网络独立性检查分为 2 个步骤：

① 站控层 CⅠ网和 CⅡ网独立性验证，取下母分保测装置站控层 CⅠ网组网口光纤，检查站控层 CⅠ网交换机、测控装置是否均为 CⅠ网组网口断链告警；

② 站控层 CⅠ网和 CⅡ网独立性验证，取下母分保测装置站控层 CⅡ网组网口光纤，检查站控层 CⅡ网交换机、测控装置是否均为 CⅡ网组网口断链告警。

》【典型案例】

1 案例描述

220kV 某变电站改扩建 110kV 母分间隔相关工作。

2 过程分析

（1）不停电阶段。扩建 110kV 母分间隔，全站 SCD 配置文件制作，110kV 母分间隔相关光缆敷设、二次电缆接线，监控后台画面、数据库、五防误闭锁、顺控票、光纤二维链路表制作，远动参数修改、三遥信息核对，110kV 母分间隔接入保护管理机、故障录波器、网络分析仪、在线监测装置。110kV 母分间隔五防闭锁逻辑及顺控逻辑验证。

（2）停电阶段。110kV 母线保护与新扩母分间隔相关配置文件下装，变比和描述等相关参数修改，分相电流、隔离开关位置开入、启动失灵、失灵联调和闭重三跳等相关虚回路验证。110kV 母线保护与其他运行间隔采用不停电扩建验证方式，利用同型号智能终端，将运行间隔智能终端配置文件下装到该试验智能终端中，利用试验智能终端验证修改配置文件后的 110kV 母线保护与运行间隔相关二次虚回路。

220kV 1 号、2 号变压器第一、二套保护配置文件修改及下装，整定单修改，闭锁备自投相关虚回路验证。

220kV 1号、2号变压器110kV侧第一套智能终端配置文件修改及下装，110kV备自投跳进线回路验证。

110kV母线保护与新扩母分间隔相关配置文件下装，变比和描述等相关参数修改，分相电流、隔离开关位置开入和闭重三跳等相关虚回路验证。110kV母线保护与其他运行间隔采用不停电扩建验证方式，利用同型号智能终端，将运行间隔智能终端配置文件下装到该试验智能终端中，利用试验智能终端验证修改配置文件后的110kV母线保护与运行间隔相关二次虚回路。110kV母线保护顺控逻辑验证。

110kV母线测控防误闭锁逻辑修改及验证。

保护管理机、故障录波器、网络报文分析仪和在线监测相关配置文件修改，定值修改，虚回路验证。

新母分间隔保护带负荷试验，110kV母线保护带负荷试验。

3　结论建议

新扩110kV母分间隔保护带负荷试验，110kV母线保护带负荷试验，带负荷试验结果正确后方可投运。

项目六

220kV智能变电站改扩建220kV双母线为双母双分段母线

▶【项目描述】

本项目主要讲解智能站 220kV 双母线改扩建为双母双分段接线方式，改扩建 220kV 正副母Ⅱ段母线继电保护及自动化设备安全措施、风险点、注意事项、相关功能及二次虚回路调试等内容。通过讲解 220kV 双母线改扩建为 220kV 双母双分段保护及自动化设备知识点和技术要领，结合典型案例分析，了解智能变电站改扩建 220kV 母线作业流程，熟悉智能变电站 220kV 母线保护及自动化设备功能原理及相关二次虚回路，掌握智能站改扩建 220kV 母线为双母双分段后保护及自动化相关调试技能。改扩建 220kV 双母线为双母双分段主接线示意图如图 6-1 所示。

智能站改扩建 220kV 母联间隔、母分间隔、线路间隔和变压器间隔继电保护及自动化设备调试内容参见项目四、项目一、项目二，此处不再赘述。

任务一　220kV 正副母Ⅱ段母线保护调试

▶【任务描述】

本任务主要讲解智能站改扩建 220kV 正副母Ⅱ段母线后，220kV 正副母Ⅱ段母线保护调试内容。分析了母线保护相关的 19 个调试步骤，并针对自主可控新一代智能变电站增加了调试步骤，进一步分析了新一代智能变电站中母线保护安全性检查和 GOOSE 双网冗余网络检查任务。

▶【知识要点】

双母双分段：在双母线接线中的两组母线上设置母分断路器的电气主接线。

启动母分失灵：正副母Ⅰ段母线保护与正副母Ⅱ段母线保护之间存在相互启动母分失灵功能。

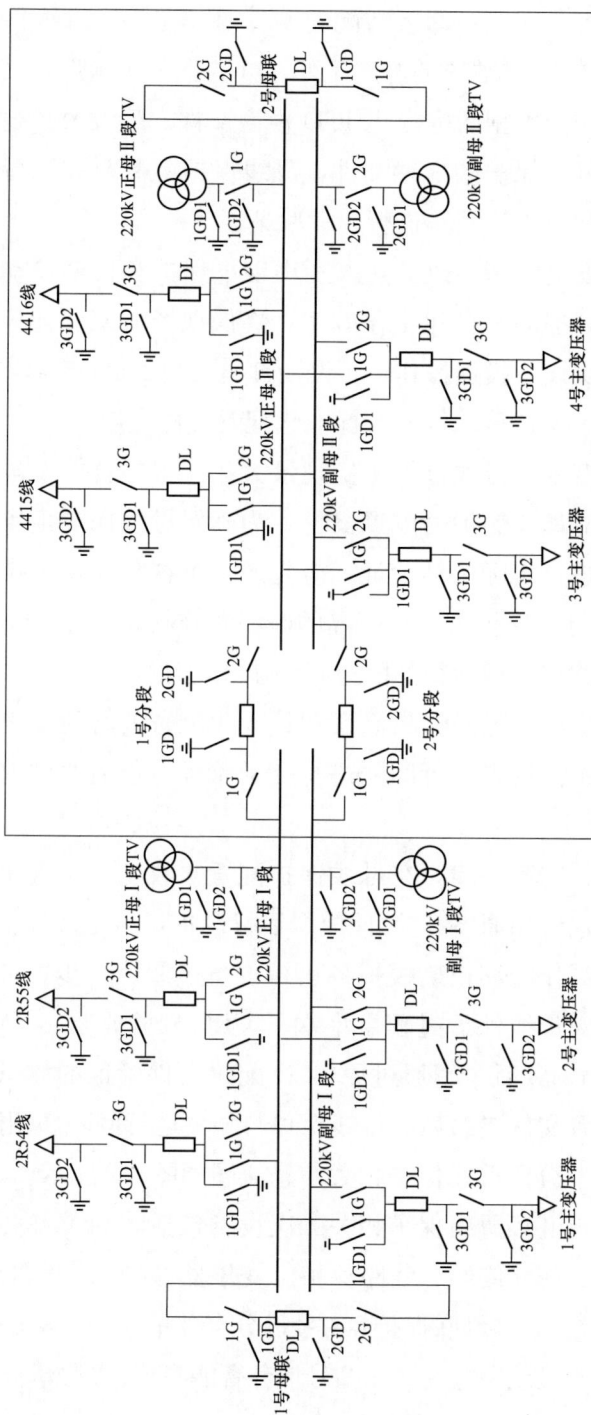

图6-1 改扩建220kV双母线为双母双分段母线主接线示意图

119

母线保护最大化配置：即下装配置文件时，应完成母线保护所有支路（包括备用支路）输入虚端子的配置工作，并验证其正确性，其中备用支路可选用任一厂家相应类型的标准化 ICD 模型文件。后续改扩建工程中不再修改或重新下装母线保护的配置文件，母线保护不需要和运行间隔进行传动验证，仅需要和改扩建间隔进行传动验证。

为规范智能变电站新、改扩建工程中继电保护和安全自动装置虚回路配置与验证技术，提高改扩建工作效率，降低现场调试作业风险，减少一次设备陪停和二次设备投退操作，国网浙江电力自 2020 年起先后开展了继电保护虚回路镜像模拟传动技术与标准化配置文件应用。

改扩建智能变电站母线保护未实现最大化配置的智能变电站实施改扩建时，需修改相应母线保护的配置文件。为确保母线保护配置文件修改后与运行间隔不再进行实际传动验证，应先通过可视化比对改扩建前后两个 SCD 文件，确认母线保护与运行间隔的虚回路连接未发生变化，再通过光数字继电保护测试仪模拟运行间隔进行两步比对法验证。

改扩建智能变电站母线保护已实现最大化配置的智能变电站实施改扩建时，母线保护不需要和运行间隔进行传动验证，仅需要和改扩建间隔进行传动验证。

两步对比法：①第一步，在母线保护配置未改动的情况下，由光数字式继电保护测试仪使用原 SCD 文件模拟运行设备，与母线保护进行虚回路传动，验证该测试仪能够正确模拟各运行设备；②第二步，母线保护下装新配置文件，比对母线保护过程层虚端子 CRC 校验码与 SCD 文件对应间隔的 CRC 校验码一致后，用通过原 SCD 配置文件验证的测试仪模拟运行间隔，来验证配置文件更改后的母线保护与相关运行间隔虚回路的正确性。

220kV 双母双分段母线保护相关信息流图如图 6-2 所示。

220kV 正副母Ⅱ段母线保护相关二次设备包括 220kV 正副母Ⅱ段母线各支路合并单元、智能终端、线路保护、变压器保护，2 号母联合并单元、2 号母联智能终端、2 号母联保护、1 号母分合并单元、1 号母分智能终端、1 号母分保护、2 号母分智能终端、2 号母分智能终端、2 号母分保护、220kV

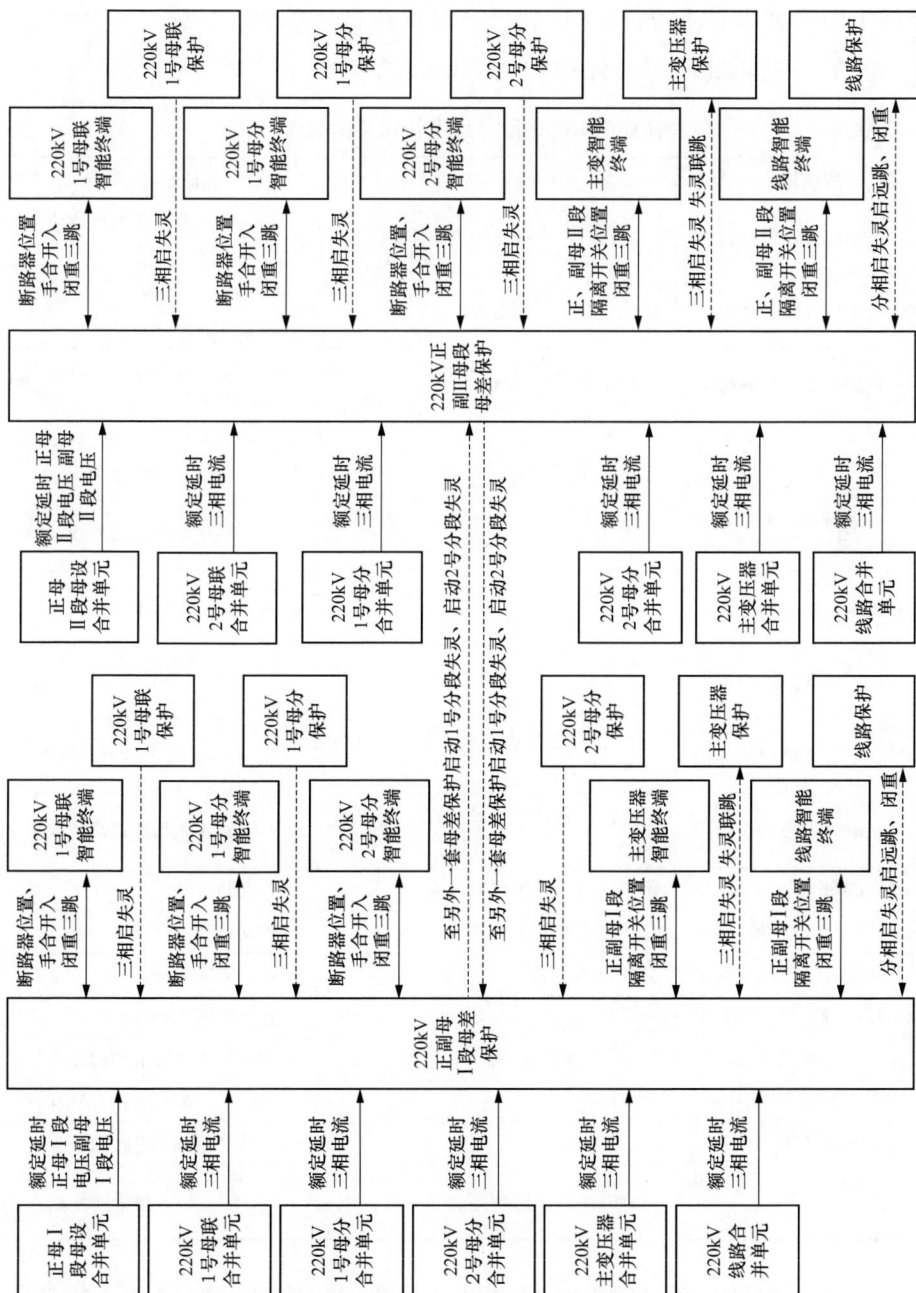

图 6-2　220kV双母双分段母线保护相关信息流图

正副母Ⅰ段母线保护和 220kV 正副母Ⅱ段母线合并单元。

220kV 正副母Ⅱ段母线保护相关信息流见表 6-1。

表 6-1　　　　　　　　　　220kV 正副母Ⅱ段母线保护相关信息流

装置描述	开入量信号描述	信号来源描述
220kV 正副母Ⅱ段母线保护	额定延时、正副母三相交流母线电压	220kV 正副母Ⅱ段母线合并单元
220kV 正副母Ⅱ段母线保护	额定延时、三相交流电流	220kV 2 号母联、1 号母分和 2 号母分合并单元
220kV 正副母Ⅱ段母线保护	三相启动失灵回路	220kV 2 号母联、1 号母分和 2 号母分保护
220kV 正副母Ⅱ段母线保护	手合和 TWJ 开入	220kV 2 号母联、1 号母分和 2 号母分智能终端
220kV 2 号母联、1 号母分和 2 号母分智能终端	闭重三跳	220kV 正副母Ⅱ段母线保护
220kV 正副母Ⅱ段母线保护	至另外一套母线保护启动 1 号母分失灵开入	220kV 正副母Ⅰ段母线保护
220kV 正副母Ⅱ段母线保护	至另外一套母线保护启动 2 号母分失灵开入	220kV 正副母Ⅰ段母线保护
220kV 正副母Ⅰ段母线保护	至另外一套母线保护启动 1 号母分失灵开入	220kV 正副母Ⅱ段母线保护
220kV 正副母Ⅰ段母线保护	至另外一套母线保护启动 2 号母分失灵开入	220kV 正副母Ⅱ段母线保护
220kV 正副母Ⅱ段母线保护	额定延时、三相交流电流	各支路合并单元
220kV 正副母Ⅱ段母线保护	母线隔离开关位置开入	各支路智能终端
220kV 正副母Ⅱ段母线保护	分相启动失灵	各线路支路保护
220kV 正副母Ⅱ段母线保护	三相启动失灵	各变压器支路保护
各线路支路保护	启动远方跳闸，闭锁重合闸	220kV 正副母Ⅱ段母线保护
各变压器支路保护	失灵联跳	220kV 正副母Ⅱ段母线保护
各支路智能终端	闭重三跳	220kV 正副母Ⅱ段母线保护
220kV 正副母Ⅱ段母线合并单元	母联断路器和两侧隔离开关位置开入	220kV 2 号母联智能终端

220kV 正副母Ⅱ段母线保护与 220kV 母联间隔联动试验安全措施及注意事项，投入 220kV 正副母Ⅱ段母线保护检修状态硬压板，退出 220kV 母线保护所有间隔 GOOSE 跳闸、失灵联跳发布软压板，取下 220kV 母线保

护至运行间隔相关所有 GOOSE 发布光纤。投入 220kV 母联间隔合并单元、智能终端和母联保护装置检修状态硬压板。通流试验时，应先通入小于母线保护启动电流的分相电流值，已确认间隔正确性。

220kV 正副母 Ⅱ 段母线保护与 220kV 变压器间隔联动试验安措及注意事项投入 220kV 正副母 Ⅱ 段母线保护检修状态硬压板，退出 220kV 母线保护所有间隔 GOOSE 跳闸、失灵联跳发布软压板，取下 220kV 母线保护至运行间隔相关所有 GOOSE 发布光纤。投入该变压器间隔高压侧合并单元、高压侧智能终端和变压器保护装置检修状态硬压板。备份原变压器保护和变压器高压侧智能终端配置文件，比对新旧配置文件正确后可下装。

220kV 正副母 Ⅱ 段母线保护与 220kV 线路间隔联动试验安全措施及注意事项投入 220kV 正副母 Ⅱ 段母线保护检修状态硬压板，退出 220kV 母线保护所有间隔 GOOSE 跳闸、失灵联跳发布软压板，取下 220kV 母线保护至运行间隔相关所有 GOOSE 发布光纤。投入该线路间隔合并单元、智能终端和保护装置检修状态硬压板，退出线路保护至对侧纵联差动。备份原线路保护和线路智能终端配置文件，比对新旧配置文件正确后可下装。

220kV 正副母 Ⅰ 段母线保护与 220kV 正副母 Ⅱ 段母线保护联动，投入 220kV 正副母 Ⅰ 段母线保护检修状态硬压板，退出该母线保护所有运行间隔 GOOSE 发送软压板，取下该母线保护至所有运行间隔 GOOSE 发送光纤；投入 220kV 正副母 Ⅱ 段母线保护检修状态硬压板，退出 220kV 母线保护所有间隔 GOOSE 跳闸、失灵联跳发布软压板，取下 220kV 母线保护至运行间隔相关所有 GOOSE 发布光纤。

≫【技术要领】

现场校验分为 22 个步骤：

① 220kV 正副母 Ⅱ 段母线保护装置版本通过国家电网有限公司统一测试核查，满足国家电网有限公司技术规范，应采用浙江电网标准化保护及

辅助装置 ICD 模型文件；

②220kV 正副母Ⅱ段母线保护装置定值核对，应与调度整定单内容一致；

③220kV 正副母Ⅱ段母线保护交流母线电压、各支路分相电流采样值检查和间隔接收软压板唯一性和正确性检查；

④220kV 正副母Ⅱ段母线保护大差、正母Ⅱ段小差和副母Ⅱ段小差差流幅值检查；

⑤220kV 正副母Ⅱ段母线保护各支路母线隔离开关位置开入检查；

⑥220kV 正副母Ⅱ段母线保护 2 号母联、1 号母分和 2 号母分断路器分位和手合 SHJ 开入检查；

⑦220kV 正副母Ⅱ段母线保护各变压器支路三相启动失灵开入量及启动失灵发送及接收软压板唯一性和正确性验证；

⑧220kV 正副母Ⅱ段母线保护各变压器支路失灵联跳开出量及失灵联跳发送及主变压器保护侧接收软压板唯一性和正确性验证；

⑨220kV 正副母Ⅱ段母线保护 2 号母联、1 号母分和 2 号母分过流保护三相启动失灵开入量及启动失灵发送及接收软压板唯一性和正确性验证；

⑩220kV 正副母Ⅱ段母线保护各线路支路保护分相启动失灵开入量及启动失灵发送和接收软压板唯一性和正确性验证；

⑪220kV 正副母Ⅱ段母线保护各线路支路保护启动远方跳闸和闭锁重合闸开出量正确性验证；

⑫220kV 正副母Ⅱ段母线差动保护定值校验、功能测试；

⑬220kV 正副母Ⅱ段母线失灵保护定值校验、功能测试；

⑭220kV 正副母Ⅱ段母线保护与母设、母联、母分和各支路间隔保护、合并单元和智能终端等智能设备之间检修机制验证；

⑮220kV 正副母Ⅱ段母线保护与各支路智能终端闭重三跳回路、GOOSE 发送软压板和智能终端出口硬压板唯一性和正确性验证；

⑯220kV 正副母Ⅱ段母线保护整组试验；

⑰220kV 正副母Ⅱ段母线保护中 2 号母联、1 号母分和 2 号母分分列

运行软压板遥控投退功能正确性唯一性验证；

⑱ 厂站监控主机内 220kV 正副母Ⅱ段母线保护一键顺控逻辑验证；

⑲ 厂站监控主机内 220kV 正副母Ⅱ段母线保护相关二维链路表验证；

⑳ 220kV 正副母Ⅱ段母线保护装置光口发送功率、接收功率、最小接收功率检查；

㉑ 针对自主可控新一代变电站还需增加 220kV 正副母Ⅱ段母线保护装置就地登录身份认证功能、安全审计功能、访问控制检查、关键数据备份与恢复功能和业务逻辑安全性检查；

㉒ 针对自主可控新一代变电站还需要增加 GOOSE 双网冗余网络检查和双网冗余网络相互独立性检查。

任务二　220kV 正母Ⅱ段母线测控功能调试

≫【任务描述】

本任务主要讲解智能站改扩建 220kV 正副母Ⅱ段母线后，220kV 正母Ⅱ段母线测控调试的相关内容。分析了正母Ⅱ段母线测控相关的 9 个调试步骤。

≫【知识要点】

母线测控主要应用于母线分段或低压母线加公用间隔。

数字测控装置：支持 DL/T 860.92 采样值传输标准的数字采样，采用 GOOSE 报文接收断路器量信号，支持 GOOSE 报文输出控制出口的测控装置。

220kV 双母双分段母线测控相关信息流图如图 6-3 所示。

220kV 正母Ⅱ段母线测控相关二次设备包括正母Ⅱ段母线合并单元、正母Ⅱ段母线智能终端和正母Ⅱ段母线所有支路测控装置。

220kV 正母Ⅱ段母线测控相关信息流见表 6-2。

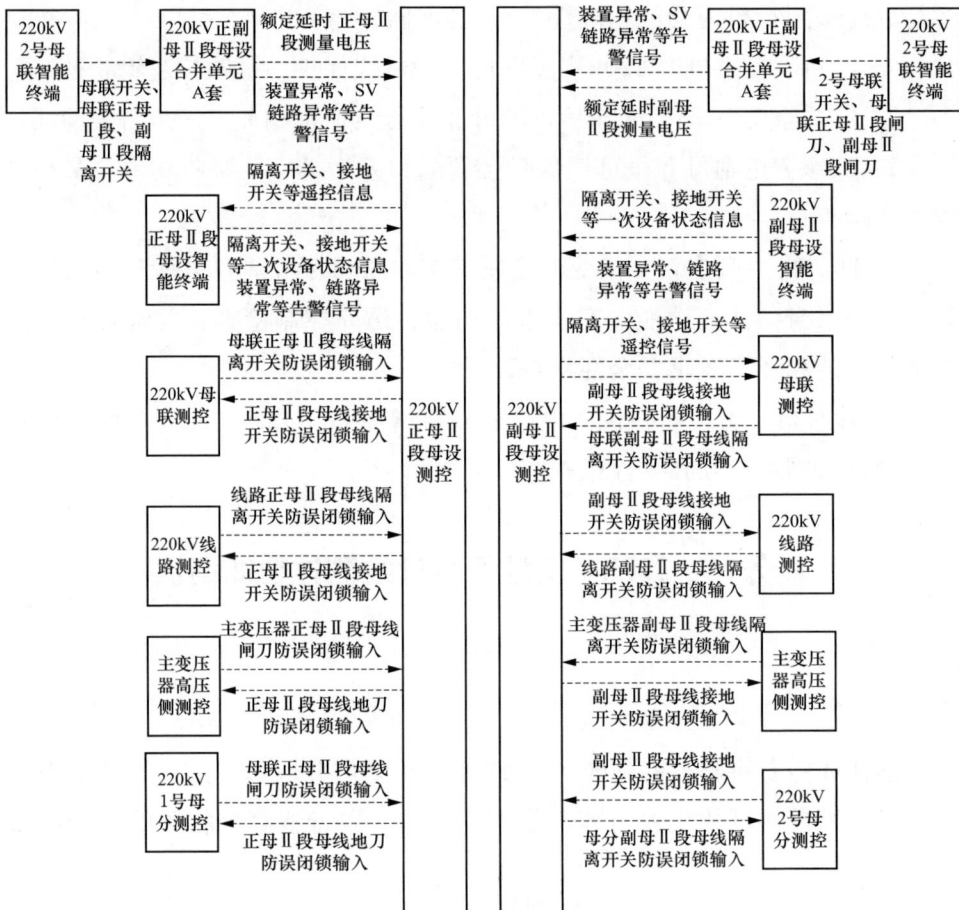

图 6-3　220kV 双母双分段母线测控相关信息流图

表 6-2　　　　　　　　　220kV 正母Ⅱ段母线测控相关信息流

装置描述	开入量信号描述	信号来源描述
220kV 正母Ⅱ段母线测控	额定延时、三相交流母线电压	220kV 正副母Ⅱ段第一套母线合并单元
220kV 正母Ⅱ段母线测控	母线隔离开关和接地开关位置信息	母线智能终端
220kV 正母Ⅱ段母线智能终端	隔离开关和接地开关的遥控分合闸	220kV 正母Ⅱ段母线测控
220kV 正母Ⅱ段母线测控	各支路母线隔离开关联锁位置开入	各支路测控
220kV 正母Ⅱ段母线测控	2 号母联和正母分段Ⅱ母线隔离开关联锁位置开入	2 号母联和正母分段测控
各支路测控	母线接地开关联锁位置开入	220kV 正母Ⅱ段母线测控

【技术要领】

现场校验分为 10 个步骤：

① 220kV 正母Ⅱ段母线测控装置版本通过国家电网有限公司统一测试核查；

② 220kV 正母Ⅱ段母线测控装置整定值核对，检查母线测控装置内定值与变电站数据采集及控制典型参数推荐定值是否一致；

③ 220kV 正母Ⅱ段母线测控交流分相母线测量电压采样和零序电压采样检查；

④ 220kV 正母Ⅱ段母线测控隔离开关、接地开关位置，GIS 气室压力低告警、母线合并单元告警、合并单元采样异常、合并单元并列至母线 1、合并单元并列至母线 2、合并单元隔离开关或断路器位置异常、智能终端告警、闭锁和保护告警、闭锁等开入量检查；

⑤ 220kV 正母Ⅱ段母线测控中隔离开关、电压互感器接地开关、母线接地开关和远方复归等遥控功能核对；

⑥ 220kV 正母Ⅱ段母线测控与各支路测控相关水平防误闭锁逻辑验证；

⑦ 220kV 正母Ⅱ段母线测控与 220kV 母联和正母分段测控相关水平防误闭锁逻辑验证；

⑧ 220kV 正母Ⅱ段母线智能终端上远近控切换把手，隔离开关和接地开关遥控合分闸出口硬压板唯一性和正确性验证；

⑨ 220kV 正母Ⅱ段母线测控参数定值核验；

⑩ 220kV 正母Ⅱ段母线测控装置光口发送功率、接收功率、最小接收功率检查。

任务三　220kV 副母Ⅱ段母线测控功能调试

【任务描述】

本任务主要讲解智能站改扩建 220kV 正副母Ⅱ段母线后，220kV 副母

Ⅱ段母线测控调试的相关内容。分析了副母Ⅱ段母线测控相关的 9 个调试步骤。

>> **【知识要点】**

自主可靠新一代智能变电站测控装置通过站控层网络与站控层设备、其他间隔层设备进行通信，应支持 DL/T 860 通信报文和 GOOSE 报文共口传输；测控装置、保护测控集成装置应支持通过站控层网络 GOOSE 报文实现间隔层防误联闭锁和下发控制命令功能；多功能测控装置还应支持以 GB/T 26865.2 数据传输协议与实时网关机通信；测控装置与采集执行单元之间宜采用 SV 和 GOOSE 点对点共口传输方式。

具备采集一、二次设备状态信号、动作信号和量测量，并通过站控层网络采用 GOOSE 服务发送和接收相关的联闭锁信号功能。

220kV 双母双分段副母Ⅱ段母线测控相关信息流见表 6-3。

母线测控相关二次设备包括母线合并单元、母线智能终端和本段母线所有支路测控装置。

表 6-3　　　　　　　　**220kV 副母Ⅱ段母线测控相关信息流**

装置描述	开入量信号描述	信号来源描述
220kV 副母Ⅱ段母线测控	额定延时、三相交流母线电压	220kV 正副母Ⅱ段第一套母线合并单元
220kV 副母Ⅱ段母线测控	母线隔离开关和接地开关位置信息	副母线智能终端
220kV 副母Ⅱ段母线智能终端	隔离开关和接地开关的遥控分合闸	220kV 副母Ⅱ段母线测控
220kV 副母Ⅱ段母线测控	各支路母线隔离开关联锁位置开入	各支路测控
220kV 副母Ⅱ段母线测控	2 号母联和副母分段Ⅱ母线隔离开关联锁位置开入	2 号母联和副母分段测控
各支路测控	母线接地开关联锁位置开入	220kV 副母Ⅱ段母线测控

>> **【技术要领】**

现场校验分为 9 个步骤：

① 220kV 副母Ⅱ段母线测控装置版本通过国家电网有限公司统一测试

核查；

②220kV副母Ⅱ段母线测控交流分相母线电压采样和零序电压采样检查；

③220kV副母Ⅱ段母线测控隔离开关、电压互感器接地开关和母线接地开关位置，GIS气室压力低告警、智能终端告警、闭锁等开入量检查；

④220kV副母Ⅱ段母线测控中隔离开关、电压互感器接地开关和母线接地开关等遥控功能核对；

⑤220kV副母Ⅱ段母线测控与各支路测控相关水平防误闭锁逻辑验证；

⑥220kV副母Ⅱ段母线测控与220kV母联和副母分段测控相关水平防误闭锁逻辑验证；

⑦220kV副母Ⅱ段母线智能终端上远近控切换把手，隔离开关和接地开关遥控合分闸出口硬压板唯一性和正确性验证；

⑧220kV副母Ⅱ段母线测控参数定值核验；

⑨220kV副母Ⅱ段母线测控装置光口发送功率、接收功率、最小接收功率检查。

任务四　220kV正副母Ⅱ段母线合并单元功能调试

≫【任务描述】

本任务主要讲解智能站改扩建220kV正副母Ⅱ段母线后，220kV正（副）母Ⅱ段母线合并单元调试的相关内容。分析了正（副）母Ⅱ段母线合并单元相关的8个调试步骤，了解智能变电站改扩建220kV正副母Ⅱ段母线后正（副）母Ⅱ段母线合并单元调试流程，熟悉智能变电站220kV正（副）母Ⅱ段母线合并单元及相关设备功能原理和二次虚回路，掌握正（副）母Ⅱ段母线合并单元调试任务。

》【知识要点】

新一代智能变电站母线采集执行单元，对于 220kV 母线间隔，用于采集母线电压并实现电压并列功能的采集执行单元宜在双重化基础上冗余配置，不考虑双母线分段接线的横向并列，用于母线间隔断路器量信息接入的采集执行单元宜按母线段单套独立配置。

》【技术要领】

通过扫描右侧二维码可观看 220kV 电压并列解列相关功能和二次回路验证视频。

现场校验分为 8 个步骤：

① 220kV 正（副）母Ⅱ段母线合并版本通过国家电网有限公司统一测试核查；

② 220kV 正（副）母Ⅱ段母线合并单元光口发送功率、接收功率、最小接收功率检查；

③ 220kV 正（副）母Ⅱ段母线合并单元 SV 报文丢帧率、完整率、发送频率和发送间隔离散度检查；

④ 220kV 正（副）母Ⅱ段母线合并单元交流模拟量幅值误差和相位误差检查；

⑤ 220kV 正（副）母Ⅱ段母线合并单元谐波对准确度的影响检验；

⑥ 220kV 正（副）母Ⅱ段母线合并单元采样值报文响应时间测试；

⑦ 220kV 正（副）母Ⅱ段母线合并单元同步性能测试；

⑧ 220kV 正（副）母Ⅱ段母线合并单元电压重动、并列和解列功能测试；

任务五　220kV 正副母Ⅱ段母线智能终端功能调试

》【任务描述】

本任务主要讲解智能站改扩建 220kV 正副母Ⅱ段母线后，220kV 正

（副）母Ⅱ段母线智能终端调试的相关内容。分析了正（副）母Ⅱ段母线智能终端相关的 7 个调试步骤。

》【知识要点】

母线智能终端整组功能检验，通过远方操作或直接在测控装置断路器量输出传动，测控发出 GOOSE 输入信号，实现测控与智能终端整组检验。

》【技术要领】

现场校验分为 7 个步骤：

① 220kV 正（副）母Ⅱ段母线智能终端版本通过国家电网有限公司统一测试核查；

② 220kV 正（副）母Ⅱ段母线智能终端光口发送功率、接收功率、最小接收功率检查；

③ 220kV 正（副）母Ⅱ段母线智能终端与测控装置的整组功能检验；

④ 220kV 正（副）母Ⅱ段母线智能终端 GOOSE 报文接收和发送检验；

⑤ 220kV 正（副）母Ⅱ段母线智能终端断路器量输入动作电压是否满足 55%～70%要求，事件记录时间是否满足 1ms 分辨率测试；

⑥ 220kV 正（副）母Ⅱ段母线智能终端从开入变位到相应 GOOSE 信号发出（不含防抖时间）的时间延时不应大于 5ms；

⑦ 220kV 正（副）母Ⅱ段母线智能终端出口连接片功能测试。

任务六 220kV 正副母Ⅱ段母线厂站内监控后台三遥信息核对

》【任务描述】

本任务主要讲解智能站改扩建 220kV 正副母Ⅱ段母线后，厂站内监控后台相关调试内容。分析了厂站内监控后台相关的 14 个调试步骤。

➤ 【知识要点】

新一代变电站站控层网络应为双网冗余设计，且在双网切换时无数据丢失。站控层通信应遵循 DL/T 860 标准。

监控后台及 SCD 修改前应做好数据备份；自动化工作时，做好网络安全风险管控，防止违规外联、非法访问等网络安全事件发生。

➤ 【技术要领】

现场校验分为 14 个步骤：

① 厂站内监控主机中改扩建 220kV 正副母Ⅱ段母线后相关 SCD 文件配置的检查；

② 厂站内监控主机中改扩建 220kV 正副母Ⅱ段母线后画面及配置检查，包括画面索引、光字牌图、主接线图、间隔分图、应用功能分图、二次设备状态监视图、监控系统网络通信状态图等；

③ 厂站内监控主机中改扩建 220kV 正副母Ⅱ段母线后画面标识正确，设备命名正确，图元含义清晰；

④ 厂站内监控主机中改扩建 220kV 正副母Ⅱ段母线后中相关二次设备的 MMS、GOOSE、SV 通信状态展示界面正确，模拟关联设备之间的 GOOSE、SV 通信状态断链和恢复，检查监控主机应能正确显示设备 GOOSE、SV 通信状态，模拟关联设备之间的 MMS 单网中断、双网中断，检查监控主机应能正确显示设备 MMS 网络的通信状态，且 MMS 双网的通信状态对应显示正确；

⑤ 厂站内监控主机中改扩建 220kV 正副母Ⅱ段母线后交流母线电压、汇控柜温湿度等遥测信息核对；

⑥ 厂站内监控主机中改扩建 220kV 正副母Ⅱ段母线后一次设备相关遥信信息核对；

⑦ 厂站内监控主机中改扩建 220kV 正副母Ⅱ段母线后保护装置、测控装置、交换机、合并单元和智能终端等二次设备相关遥信信息核对；

⑧ 厂站内监控主机中改扩建 220kV 正副母Ⅱ段母线后隔离开关、接地开关等一次设备相关遥控信息核对；

⑨ 厂站内监控主机中改扩建 220kV 正副母Ⅱ段母线后相关软压板等二次设备相关遥控信息核对，对间隔层设备软压板进行投退遥控操作，检查监控主机界面显示软压板状态与设备实际状态一致；

⑩ 厂站内监控主机中改扩建 220kV 正副母Ⅱ段母线后相关一键顺控票正确性验证；

⑪ 厂站内监控主机中改扩建 220kV 正副母Ⅱ段母线后相关保护定值调阅与修改功能验证；

⑫ 厂站内监控主机中改扩建 220kV 正副母Ⅱ段母线后相关保护录波调阅功能验证；

⑬ 厂站内监控主机中改扩建 220kV 正副母Ⅱ段母线后保护装置、智能终端的保持型信号远方复归功能测试；

⑭ 厂站内监控主机中改扩建 220kV 正副母Ⅱ段母线后相关防误闭锁逻辑验证，包括独立五防机或嵌入式五防机防误闭锁逻辑验证。

任务七 调控中心三遥信息核对

≫【任务描述】

本任务主要讲解智能站改扩建 220kV 正副母Ⅱ段母线后主站相关调试内容。分析了主站相关的 6 个调试步骤。

≫【知识要点】

遥控动作正确率检测：在模拟监控后台进行遥控操作，检查遥控过程中选择、返校、执行各步骤的正确性。上述过程重复 100 次，要求遥控动作正确率为 100%；遥控执行命令从接收到遥控输出的时间不大于 1s。

》【技术要领】

现场校验分为 6 个步骤：

① 检修人员对新编制的改扩建 220kV 正副母Ⅱ段母线相关信息点表内容进行审核，检查该信息表与站内相关设备运行功能及遥信、遥测、遥控、告警直传、远程浏览等参数配置，是否一致，是否符合设计要求；

② 数据通信网关机中改扩建 220kV 正副母Ⅱ段母线相关信息点表（地调信息表）内容进行审核；

③ 检查数据通信网关机与间隔层设备的 MMS 通信状态正常；

④ 调控中心与改扩建 220kV 正副母Ⅱ段母线交流母线电压遥测信息核对；

⑤ 检查在相应调控中心以及各主站系统与改扩建 220kV 正副母Ⅱ段母线隔离开关、接地开关信号等遥信量的正确性；

⑥ 检查在相应调控中心与改扩建 220kV 正副母Ⅱ段母线隔离开关、接地开关机构等控制操作的正确性。

任务八　其他功能调试

》【任务描述】

本任务主要讲解智能站改扩建 220kV 正副母Ⅱ段母线后，故障录波器、网络报文记录分析仪、在线监测装置、保护信息管理机等设备调试内容。

》【技术要领】

其他功能调试分为 4 个步骤：

① 网络报文分析仪报文分析功能、异常报文分析与记录功能、连续记录报文功能和报文召唤功能检查；

② 故障录波器录波功能检查；

③ 在线监测装置检查，应能从保护装置正确取得保护动作、告警、在线监测、状态变位和中间节点五大类信息，并能从测控取得状态监测、自检告警和通信工况信息，能够从交换机取得状态监测、自检告警和端口信息，并能取得以上装置识别代码、软件版本和设备过程层虚端子配置CRC码；

④ 保护信息管理机检查，包括采样值、开入量、定值、软压板状态和录波文件检查，并且保护信息管理机主站应能正确调取保护管理机相关信息。

任务九　自主可控新一代变电站改扩建220kV 正副母Ⅱ段配置及在线运维管控工具检查

》【任务描述】

本任务主要讲解自主可控新一代智能站改扩建220kV正副母Ⅱ段母线后，SCD配置及在线运维管控工具等设备调试内容。

》【知识要点】

离线下装（offline download），工具将配置文件交由设备厂商，由设备厂商完成配置文件下装。

在线下装（online download），工具通过综合应用主机以DL/T 860通信报文规范下装配置文件。

》【技术要领】

SCD配置及在线运维管控工具检查分4个步骤：

① SCD配置及在线运维管控工具向基础平台发送权限认证请求，检查管控工具中220kV正副母Ⅱ段母线保护配置文件导入导出功能是否完善；

②SCD配置及在线运维管控工具向基础平台发送权限认证请求，检查平台向220kV正副母Ⅱ段母线保护装置下装CID文件功能是否完善；

③检查SCD配置及在线运维管控工具向基础平台中220kV正副母Ⅱ段母线保护装置申请版本管理及校验功能是否完善；

④检查SCD配置及在线运维管控工具进行SCD配置、校验功能、模型导出、版本管理等操作时，需要向基础平台申请登录校验，相应流程是否规范。

任务十　自主可控新一代变电站改扩建220kV 正副母Ⅱ段GOOSE双冗余网络开入检查

▶【任务描述】

本任务主要讲解自主可控新一代智能站改扩建220kV正副母Ⅱ段母线后，相关保护GOOSE双网冗余网络检查验证内容。

▶【知识要点】

保护装置应支持站控层双网冗余连接方式，冗余连接应使用同一报告实例号。

双母双分段接线方式，本次母线保护动作跳分段时，启动至另外一套母线保护分段失灵GOOSE开出，对侧母线保护收到该启动失灵GOOSE开入后，经延时分段失灵保护动作，切除故障。

▶【技术要领】

GOOSE双冗余网络开入检查分为12个步骤：

①取下站控层AⅠ（BⅠ）网组网光纤，投入保护失灵联跳GOOSE软压板，采用手持式测试仪接收站控层AⅠ（BⅠ）网报文，检查组网开出功能（失灵联跳）是否正常；

② 手持式测试仪模拟变压器保护装置发送三相启动失灵报文给母线保护装置，检查站控层 AⅠ（BⅠ）网组网接收功能（启动失灵）是否正常；

③ 取下站控层 AⅠ（BⅠ）网组网光纤，投入保护跳线路支路 GOOSE 出口软压板，采用手持式测试仪接收站控层 AⅠ（BⅠ）网报文，检查组网开出功能（其他保护动作、闭锁重合闸）是否正常；

④ 手持式测试仪模拟线路保护装置发送分相启动失灵报文给母线保护装置，检查除站控层 AⅠ（BⅠ）网组网接收功能（启动失灵）是否正常；

⑤ 取下站控层 AⅠ（BⅠ）网组网光纤，投入保护至另外一套母线保护启动分段 1（分段 2）失灵 GOOSE 发送软压板，采用手持式测试仪接收站控层 AⅠ（BⅠ）网报文，检查组网开出功能（至另外一套母线保护启动分段失灵）是否正常；

⑥ 取下站控层 AⅠ（BⅠ）网组网光纤，投入保护另外一套母线保护启动分段 1（分段 2）失灵 GOOSE 接收软压板，手持式测试仪模拟另外一套母线保护装置，发送另外一套母线保护启动分段 1（分段 2）失灵报文给本套母线保护装置，检查站控层 AⅠ（BⅠ）网组网接收功能（至另外一套母线保护启动分段失灵）是否正常；

⑦ 取下站控层 AⅡ（BⅡ）网组网光纤，投入保护失灵联跳 GOOSE 软压板，采用手持式测试仪接收站控层 AⅡ（BⅡ）网报文，检查组网开出功能（失灵联跳）是否正常；

⑧ 手持式测试仪模拟变压器保护装置发送三相启动失灵报文给母线保护装置，检查除站控层 AⅡ（BⅡ）网组网接收功能（启动示灵）是否正常；

⑨ 取下站控层 AⅡ（BⅡ）网组网光纤，投入保护跳线路支路 GOOSE 出口软压板，采用手持式测试仪接收站控层 AⅡ（BⅡ）网报文，检查组网开出功能（其他保护动作）是否正常；

⑩ 手持式测试仪模拟线路保护装置发送分相启动失灵报文给母线保护装置，检查除站控层 AⅡ（BⅡ）网组网接收功能（启动示灵）是否正常；

⑪ 取下站控层 AⅡ（BⅡ）网组网光纤，投入保护至另外一套母线保护启动分段 1（分段 2）失灵 GOOSE 发送软压板，采用手持式测试仪接收站

控层 AⅡ（BⅡ）网报文，检查组网开出功能（至另外一套母线保护启动分段失灵）是否正常；

⑫ 取下站控层 AⅡ（BⅡ）网组网光纤，手持式测试仪模拟另外一套母线保护装置，发送至另外一套母线保护启动分段 1（分段 2）失灵报文给本套母线保护装置，检查站控层 AⅡ（BⅡ）网组网接收功能（至另外一套母线保护启动分段失灵）是否正常。

任务十一　自主可控新一代变电站改扩建 220kV 正副母Ⅱ段 GOOSE 双冗余网络独立性检查

【任务描述】

本任务主要讲解针对自主可控新一代智能站改扩建 220kV 正副母Ⅱ段母线后，变压器保护 GOOSE 双网冗余网络独立性检查验证内容。

【知识要点】

站控层 GOOSE 网络应冗余配置并按照功能相对隔离，应采取措施防止任一网络异常影响其他网络。

【技术要领】

GOOSE 双冗余网络独立性检查分为 2 个步骤：

① 站控层 AⅠ（BⅠ）网和 AⅡ（BⅡ）网独立性验证，取下 220kV 正副母Ⅱ段母线第一（二）套保护站控层 AⅠ（BⅠ）网组网口光纤，检查站控层 AⅠ（BⅠ）网交换机、对侧线路、变压器或 220kV 正副母Ⅰ段第一（二）套保护装置是否均为 AⅠ（BⅠ）网组网口断链告警。

② 站控层 AⅠ（BⅠ）网和 AⅡ（BⅡ）网独立性验证，取下 220kV 正副母Ⅱ段母线保护站控层 AⅡ（BⅡ）网组网口光纤，检查站控层 AⅡ（BⅡ）网交换机、对侧线路、变压器或 220kV 正副母Ⅰ段第一（二）套保护

138

装置是否均为 AⅡ（BⅡ）网组网口断链告警。

【典型案例】

1　案例描述

220kV 富春变电站 220kV 双母线改扩建为新双母双分段母线。

220kV 富春变电站双母线改双母双分段及改扩建 220kV 2 号母联、220kV 1 号、2 号母分等相关间隔工程。220kV 富春变电站采用合并单元直接采样＋智能终端直接跳闸方式。站内 220kV 部分主接线原为双母线接线方式，本期新增 220kV 1 号、2 号母分间隔和 220kV 2 号母联间隔，将原双母线接线方式拆分为双母双分段接线方式。改扩建工程中新增二次设备包括 220kV 1 号、2 号母分保护装置、测控装置、智能终端、合并单元。220kV 2 号母联保护装置、测控装置、智能终端、合并单元，220kV 正副母Ⅱ段母线保护，220kV 正母Ⅱ段测控、220kV 副母Ⅱ段测控，220kV 正母Ⅱ段合并单元、智能终端，220kV 副母Ⅱ段合并单元、智能终端。

2　过程分析

（1）不停电阶段。不停电阶段完成全站 SCD 文件组态制作，监控后台画面、数据库、五防闭锁、顺控票、链路二维表及远动修改，220kV 1 号、2 号母分和 2 号母联间隔（包括保护装置、测控装置、合并单元、智能终端和过程层交换机）和 220kV 正母Ⅱ段和副母Ⅱ段母线间隔智能组件柜立屏安装和调试工作，三遥信息核对，新间隔相关交、直流电源、GPS 对时等回路搭接，保护管理机、故障录波器、在线监测装置和网络报文记录分析仪配置文件修改调试。

（2）停电阶段。停电阶段完成新增 220kV 正副母Ⅱ段母线保护与新增 220kV 2 号母联间隔、220kV 1 号、2 号母分间隔相关回路验证。220kV 正副母Ⅱ段母线保护与旧 220kV 线路间隔分相电流、正副母隔离开关位置开入、分相启动失灵、启动远方跳闸和闭重跳闸等相关功能回路验证。220kV 正副母Ⅱ段母线保护与旧变压器间隔分相电流、正副母隔离开关位置开入、三相启动失灵、启动失灵联跳和闭重跳闸等相关功能回路验证。

新增 220kV 正母Ⅱ段母线合并单元和 220kV 副母Ⅱ段母线合并单元交流母线电压保护组和计量组采样回路，正母Ⅱ段和副母Ⅱ段交流母线电压并列、解列回路验证。

220kV 正母Ⅱ段和副母Ⅱ段母线后台及测控防误闭锁逻辑修改及验证。220kV 母线保护顺控逻辑修改。220kV 正母Ⅱ段和副母Ⅱ段母线隔离开关和接地开关遥信、遥控核对，间隔五防逻辑验证。新增设备与调控中心三遥信息核对。

3　结论

220kV 正副母Ⅰ段两套母线保护和正副母Ⅱ段两套母线保护经带负荷试验后方可投入运行。

项目七

220kV智能变电站改扩建110kV III段母线

⟫【项目描述】

本项目主要讲解智能站改扩建 110kV Ⅲ 段母线风控和调试等内容。通过 110kV 单母分段母线接线方式改扩建为 110kV 单母双分段接线方式，相关改扩建保护及自动化设备知识点和技术要领讲解，结合典型案例分析，了解智能变电站改扩建 110kV 母线作业流程，熟悉智能变电站 110kV 母线相关功能原理和二次虚回路，掌握智能站改扩建 110kV 母线相关调试技能。220kV 智能变电站改扩建 110kV Ⅲ 段母线主接线示意图如图 7-1 所示。

智能站改扩建 110kV 母分间隔和线路间隔继电保护及自动化设备调试内容参见项目五和项目二，此处不再赘述。

任务一　110kV 母线保护功能调试

⟫【任务描述】

本任务主要讲解智能站改扩建 110kV Ⅲ 段母线后，110kV 母线保护调试的相关内容。分析母线保护相关的 13 个调试步骤，并针对自主可控新一代智能变电站增加了调试步骤。

⟫【知识要点】

单母三母分接线方式包括三段母线和两个母分断路器主接线方式。

母线保护最大化配置：即下装配置文件时，应完成母线保护所有支路（包括备用支路）输入虚端子的配置工作并验证其正确性，其中备用支路可选用任一厂家相应类型的标准化 ICD 模型文件。后续改扩建工程中不再修改或重新下装母线保护的配置文件，母线保护不需要和运行间隔进行传动验证，仅需要和改扩建间隔进行传动验证。

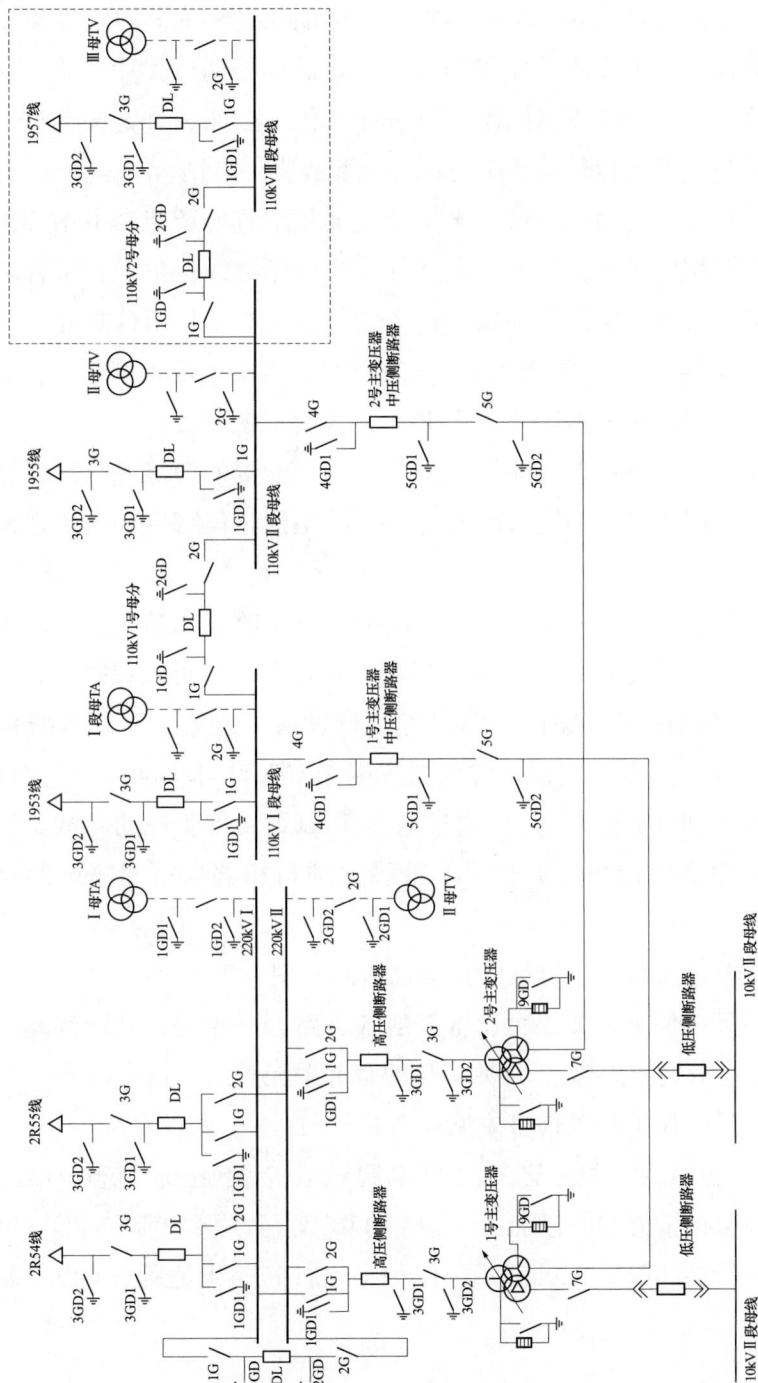

图 7-1 220kV智能变电站改扩建110kVⅢ段母线主接线示意图

143

为规范智能变电站新、改扩建工程中继电保护和安全自动装置虚回路配置与验证技术，提高改扩建工作效率，降低现场调试作业风险，减少一次设备陪停和二次设备投退操作，国网浙江电力自2020年起先后开展了继电保护虚回路镜像模拟传动技术与标准化配置文件应用。

改扩建智能变电站母线保护未实现最大化配置的智能变电站实施改扩建时，需修改相应母线保护的配置文件。为确保母线保护配置文件修改后与运行间隔不再进行实际传动验证，应先通过可视化比对改扩建前后两个SCD文件，确认母线保护与运行间隔的虚回路连接未发生变化，再通过光数字继电保护测试仪模拟运 行间隔进行两步比对法验证。

改扩建智能变电站母线保护已实现最大化配置的智能变电站实施改扩建时，母线保护不需要和运行间隔进行传动验证，仅需要和改扩建间隔进行传动验证。

两步对比法：①第一步，在母线保护配置未改动的情况下，由光数字式继电保护测试仪使用原SCD文件模拟运行设备，与母线保护进行虚回路传动，验证该测试仪能够正确模拟各运行设备；②第二步，母线保护下装新配置文件，比对母线保护过程层虚端子CRC校验码与SCD文件对应间隔的CRC校验码一致后，用通过原SCD配置文件验证的测试仪模拟运行间隔，来验证配置文件更改后的母线保护与相关运行间隔虚回路的正确性。

110kV单母三母分段母线保护信息流图如图7-2所示。

110kV母线保护相关二次设备包括各支路合并单元、智能终端、母分合并单元、母分智能终端和110kV母线合并单元。

110kV母线保护相关信息流见表7-1。

110kV母线保护功能及二次回路调试安全措施及注意事项：投入110kV母线保护检修状态硬压板，退出110kV母线保护所有间隔GOOSE跳闸发布软压板，取下110kV母线保护至运行间隔相关所有GOOSE发布光纤。

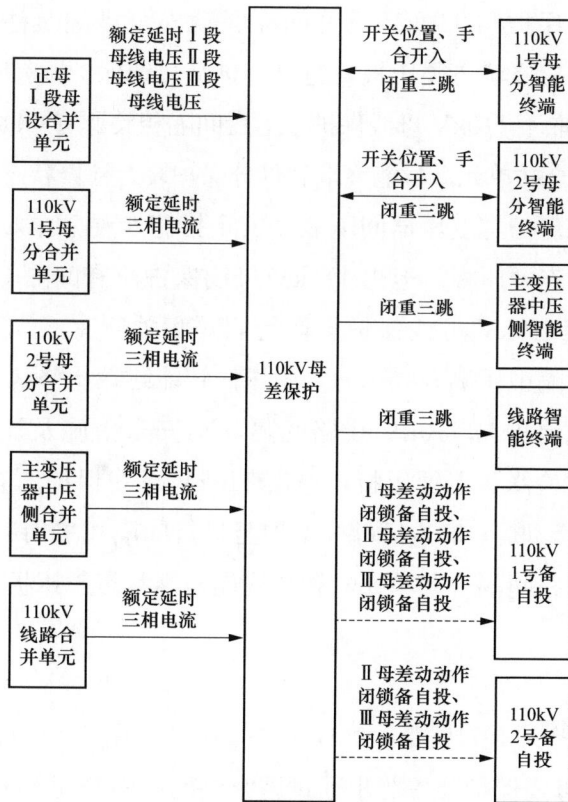

图 7-2 110kV 单母三分段母线保护信息流图

表 7-1 110kV 母线保护相关信息流

装置描述	开入量信号描述	信号来源描述
110kV 母线保护	额定延时、三相交流电压	母线合并单元
110kV 母线保护	额定延时、三相交流电流	各支路合并单元
110kV 母线保护	TWJ 和手合开入	110kV 1 号母分智能终端
110kV 母线保护	TWJ 和手合开入	110kV 2 号母分智能终端
各支路智能终端	闭重三跳	110kV 母线保护
110kV 1 号、2 号母分智能终端	闭重三跳	110kV 母线保护
110kV 1 号母分备自投	Ⅰ母差动保护动作闭锁备自投、Ⅱ母差动保护动作闭锁备自投	110kV 母线保护
110kV 2 号母分备自投	Ⅲ母差动保护动作闭锁备自投、Ⅱ母差动保护动作闭锁备自投	110kV 母线保护
110kV 母线合并单元	110kV 2 号母分断路器和隔离开关位置信息	110kV 2 号母分智能终端

110kV 母线保护与 110kV 母分间隔联动安全措施及注意事项：投入 110kV 母线保护检修状态硬压板，退出 110kV 母线保护所有间隔 GOOSE 跳闸发布软压板，取下 110kV 母线保护至运行间隔相关所有 GOOSE 发布光纤，投入该母分间隔合并单元、智能终端和母分保护装置检修状态硬压板。

110kV 母线保护与变压器间隔联动安全措施及注意事项：投入 110kV 母线保护检修状态硬压板，退出 110kV 母线保护所有间隔 GOOSE 跳闸发布软压板，取下 110kV 母线保护至运行间隔相关所有 GOOSE 发布光纤，投入该变压器间隔中压侧合并单元、中压侧智能终端检修状态硬压板。

110kV 母线保护与 110kV 线路间隔联动安全措施及注意事项：投入 110kV 母线保护检修状态硬压板，退出 110kV 母线保护所有间隔 GOOSE 跳闸发布软压板，取下 110kV 母线保护至运行间隔相关所有 GOOSE 发布光纤，投入该线路间隔合并单元、智能终端检修状态硬压板。

➤【技术要领】

现场校验分为 14 个步骤：

① 110kV 母线保护装置版本通过国家电网有限公司统一测试核查，满足国家电网有限公司技术规范应采用浙江电网标准化保护及辅助装置 ICD 模型文件；

② 110kV 母线保护装置定值核对，应与调度整定单内容一致；

③ 110kV 母线保护交流母线电压、2 号母分电流、各支路分相电流采样值检查，间隔接收软压板唯一性和正确性验证；

④ 110kV 母线保护大差、Ⅰ母小差、Ⅱ母小差和Ⅲ母小差差流幅值检查；

⑤ 110kV 母线保护 2 号母分断路器分位和 SHJ 开入检查；

⑥ 110kV 母线保护保护定值校验、功能测试；

⑦ 110kV 母线保护与各支路智能终端、各支路合并单元、110kV 2 号母分智能终端、110kV 2 号母分合并单元、110kV 母线合并单元等相关设备之间检修逻辑验证；

⑧ 110kV 母线保护与各间隔智能终端闭重三跳回路验证，GOOSE 跳闸发布软压板验证和智能终端出口硬压板唯一性和正确性验证；

⑨ 110kV 母线保护整组试验；

⑩ 110kV 母线保护与运行间隔相关功能和回路验证，当现场母线保护已实现最大化配置，不再需要与运行间隔进行传动验证，当现场母线保护未实现最大化配置，应先通过可视化比对改扩建前后两个 SCD 文件，确认母线保护与运行间隔的虚回路连接未发生变化，再采用两步对比法验证修改配置后的母线保护与相关运行间隔虚回路的正确性；

⑪ 厂站监控主机内 110kV 母线保护顺控逻辑验证；

⑫ 厂站监控主机内 110kV 母线保护相关二维链路表验证；

⑬ 110kV 母线保护装置光口发送功率、接收功率、最小接收功率检查；

⑭ 针对自主可控新一代变电站还需增加 110kV 母线保护装置就地登录身份认证功能、安全审计功能、访问控制检查、关键数据备份与恢复功能和业务逻辑安全性检查。

任务二　110kV Ⅲ段母线测控功能调试

》【任务描述】

本任务主要讲解智能站改扩建 110kV Ⅲ段母线后，110kV Ⅲ段母线测控调试内容。分析了 110kV Ⅲ段母线测控相关的 9 个调试步骤。

》【知识要点】

110kV Ⅲ段母线测控主要应用于母线分段或低压母线加公用间隔。

数字测控装置：支持 DL/T 860.92 采样值传输标准的数字采样，采用 GOOSE 报文接收断路器量信号，支持 GOOSE 报文输出控制出口的测控装置。

110kV Ⅲ段母线测控相关二次设备包括 110kV 母线合并单元、智能终端。110kV Ⅲ段母线测控信息流图如图 7-3 所示。

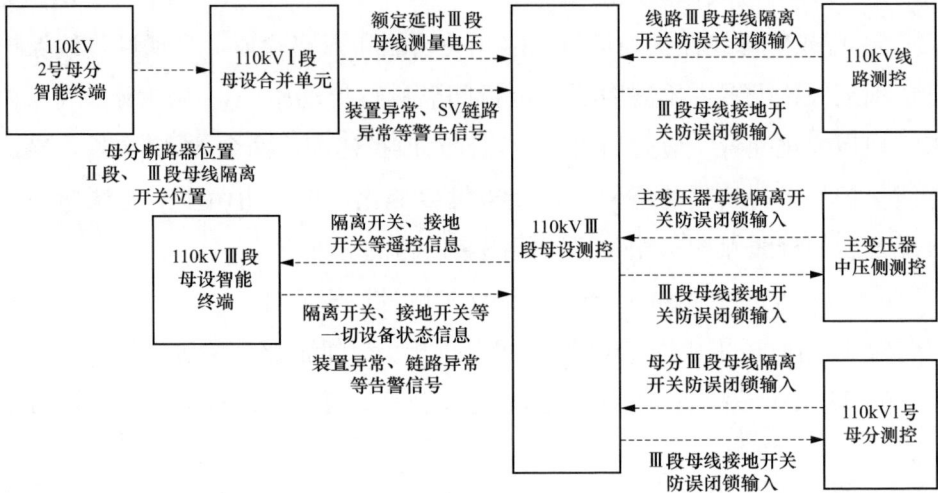

图 7-3 110kV Ⅲ段母线测控信息流图

110kV Ⅲ段母线测控信息流见表 7-2。

表 7-2 110kV Ⅲ段母线测控信息流

装置描述	开入量信号描述	信号来源描述
110kV Ⅲ段母线测控	额定延时、测量组三相交流母线电压	110kV Ⅰ段母线合并单元
110kV Ⅲ段母线测控	母线隔离开关位置、母线接地开关位置	110kV Ⅲ段母线智能终端
110kV Ⅲ段母线智能终端	母线隔离开关和接地开关遥控分合闸	110kV Ⅲ段母线测控
110kV Ⅲ段母线测控	隔离开关和接地开关防误闭锁信息	110kV 各支路测控

>> 【技术要领】

现场校验分为 10 个步骤：

① 110kV Ⅲ母线测控装置版本通过国家电网有限公司统一测试核查；

② 110kV Ⅲ母线测控装置整定值核对，检查测控装置内定值与变电站数据采集及控制典型参数推荐定值是否一致；

③ 110kV Ⅲ母线测控交流分相母线电压采样和零序电压采样检查；

④ 110kVⅢ母线测控隔离开关、电压互感器接地开关和母线接地开关位置，GIS气室压力低告警、智能终端告警、闭锁等开入量检查；

⑤ 110kVⅢ母线测控中隔离开关、电压互感器接地开关和母线接地开关等遥控功能核对；

⑥ 110kVⅢ母线测控与各支路测控相关水平防误闭锁逻辑验证；

⑦ 110kVⅢ母线测控与110kV母分测控相关水平防误闭锁逻辑验证；

⑧ 110kVⅢ母线智能终端上远近控切换把手，隔离开关、电压互感器接地开关和母线接地开关遥控合分闸出口硬压板唯一性和正确性验证；

⑨ 110kVⅢ母线测控参数定值核验；

⑩ 110kVⅢ母线测控装置光口发送功率、接收功率、最小接收功率检查。

任务三　智能终端功能调试

≫【任务描述】

本任务主要讲解智能站改扩建110kVⅢ段母线后，110kVⅢ段母线智能终端调试的相关内容。分析了110kVⅢ段母线智能终端相关的7个调试步骤。

≫【知识要点】

母线智能终端整组功能检验，通过远方操作或直接在测控装置断路器量输出传动，测控发出GOOSE输入信号，实现测控与智能终端整组检验。

≫【技术要领】

现场校验分为7个步骤：

① 110kVⅢ段母线智能终端版本通过国家电网有限公司统一测试核查；

② 110kVⅢ段母线智能终端光口发送功率、接收功率、最小接收功率检查；

③ 110kV Ⅲ段母线智能终端与母线测控装置的整组功能检验；

④ 110kV Ⅲ段母线智能终端 GOOSE 报文接收和发送检验；

⑤ 110kV Ⅲ段母线智能终端断路器量输入动作电压是否满足 55％～70％要求，事件记录时间是否满足 1ms 分辨率测试；

⑥ 110kV Ⅲ段母线智能终端从开入变位到相应 GOOSE 信号发出（不含防抖时间）的时间延时不应大于 5ms；

⑦ 110kV Ⅲ段母线智能终端出口连接片功能测试。

任务四　厂站内监控后台三遥信息核对

》【任务描述】

本任务主要讲解智能站改扩建 110kV Ⅲ段母线后，厂站内监控后台相关调试内容。分析了厂站内监控后台相关的 14 个调试步骤。

》【技术要领】

现场校验分为 14 个步骤：

① 厂站内监控主机中改扩建 110kV Ⅲ段母线后相关 SCD 文件配置的检查；

② 厂站内监控主机中改扩建 110kV Ⅲ段母线后画面及配置检查，包括画面索引、光字牌图、主接线图、间隔分图、应用功能分图、二次设备状态监视图、监控系统网络通信状态图等；

③ 厂站内监控主机中改扩建 110kV Ⅲ段母线后画面标识正确，设备命名正确，图元含义清晰；

④ 厂站内监控主机中改扩建 110kV Ⅲ段母线后相关二次设备的 MMS、GOOSE、SV 通信状态展示界面正确，模拟关联设备之间的 GOOSE、SV 通信状态断链和恢复，检查监控主机应能正确显示设备 GOOSE、SV 通信状态，模拟关联设备之间的 MMS 单网中断、双网中断，检查监控主机应

能正确显示设备 MMS 网络的通信状态，且 MMS 双网的通信状态对应显示正确；

⑤厂站内监控主机改扩建110kV Ⅲ段母线后交流母线电压、汇控柜温湿度等遥测信息核对；

⑥厂站内监控主机改扩建 110kV Ⅲ段母线后一次设备相关遥信信息核对；

⑦厂站内监控主机改扩建110kV Ⅲ段母线后测控装置、交换机、合并单元和智能终端等二次设备相关遥信信息核对；

⑧厂站内监控主机改扩建110kV Ⅲ段母线后隔离开关、接地开关等一次设备相关遥控信息核对；

⑨厂站内监控主机改扩建110kV Ⅲ段母线后保护装置软压板等二次设备相关遥控信息核对，对间隔层设备软压板进行投退遥控操作，检查监控主机界面显示软压板状态与设备实际状态一致；

⑩厂站内监控主机改扩建 110kV Ⅲ段母线后相关一键顺控票正确性验证；

⑪厂站内监控主机改扩建110kV Ⅲ段母线后保护相关定值调阅与修改功能验证；

⑫厂站内监控主机改扩建110kV Ⅲ段母线后保护录波调阅功能验证；

⑬厂站内监控主机改扩建110kV Ⅲ段母线后保护装置、智能终端的保持型信号远方复归功能测试；

⑭厂站内监控主机改扩建110kV Ⅲ段母线后间隔相关防误闭锁逻辑验证，包括独立五防机或嵌入式五防机防误闭锁逻辑验证。

任务五　调控中心三遥信息核对

≫【任务描述】

本任务主要讲解智能站改扩建 110kV Ⅲ段母线后，主站相关调试内容。分析了主站相关的 6 个调试步骤。

》【知识要点】

遥控动作正确验证：在模拟监控后台进行遥控操作，检查遥控过程中选择、返校、执行各步骤的正确性。

》【技术要领】

现场校验分为 6 个步骤：

① 检修人员对新编制的改扩建 110kV Ⅲ 段母线相关信息点表内容进行审核（地调信息表），检查该信息表与站内相关设备运行功能及遥信、遥测、遥控、告警直传、远程浏览等参数配置，是否一致，是否符合设计要求；

② 数据通信网关机中改扩建 110kV Ⅲ 段母线相关三遥信息转发表的检查；

③ 检查数据通信网关机与间隔层设备的 MMS 通信状态正常；

④ 检查在相应调控中心以及各主站系统与新扩 Ⅲ 段母线交流母线电压遥测信息核对；

⑤ 检查在相应调控中心以及各主站系统与母线隔离开关、电压互感器接地开关和母线接地开关信号等遥信量正确性；

⑥ 检查在相应调控中心以及各主站系统与母线隔离开关、电压互感器接地开关和母线接地开关等进行控制操作的正确性。

任务六　其他功能调试

》【任务描述】

本任务主要讲解智能站改扩建 110kV Ⅲ 段母线后，故障录波器、网络报文记录分析仪、在线监测装置、保护信息管理机等设备调试的相关内容。

≫【技术要领】

其他功能调试分为 4 个步骤：

① 网络报文分析仪中 110kV Ⅲ段母线相关智能设备报文分析、记录和召唤功能检查；

② 110kV 故障录波器录波功能检查；

③ 在线监测装置检查，应能从保护装置正确取得保护动作、告警、在线监测、状态变位和中间节点五大类信息，并能从测控取得状态监测、自检告警和通信工况信息，能够从交换机取得状态监测、自检告警和端口信息，并能取得以上装置识别代码、软件版本和设备过程层虚端子配置 CRC 码；

④ 保护信息管理机检查，包括采样值、开入量、定值、软压板状态和录波文件检查，并且保护信息管理机主站应能正确调取保护管理机相关信息。

任务七　自主可控新一代变电站改扩建 110kV
Ⅲ段母线 SCD 配置及在线运维管控工具检查

≫【任务描述】

本任务主要讲解自主可控新一代智能站改扩建 110kV Ⅲ段母线后，SCD 配置及在线运维管控工具等设备调试内容。

≫【知识要点】

模型裁剪文件 SCD Clipping，工具将全站 SCD 文件按不同应用设备需求裁剪生成的模型文件。

版本差异报告（file version difference report）工具将两个不同版本的 SCD 文件或模型裁剪文件进行比对，二者不同内容展示的报告。

版本发布（File Version Publish）工具生成全站 SCD 文件、模型裁剪文件、版本差异报告以及装置模型文件，并存储到平台指定目录，发送版本变更信号至各应用设备。

》【技术要领】

SCD 配置及在线运维管控工具检查分为 4 个步骤：

① SCD 配置及在线运维管控工具向基础平台发送权限认证请求，检查管控工具中 110kV Ⅲ段母线保护配置文件导入导出功能是否完善；

② SCD 配置及在线运维管控工具向基础平台发送权限认证请求，检查平台向中 110kV Ⅲ段母线保护装置下装 CID 文件功能是否完善；

③ 检查 SCD 配置及在线运维管控工具向基础平台中 110kV 母线保护装置申请版本管理及校验功能是否完善；

④ 检查 SCD 配置及在线运维管控工具进行 SCD 配置、校验功能、模型导出、版本管理等操作时，需要向基础平台申请登录校验，相应流程是否规范。

任务八　自主可控新一代变电站改扩建 110kV Ⅲ段母线通信报文规范双冗余网络独立性检查

》【任务描述】

本任务主要讲解自主可控新一代智能站改扩建 110kV Ⅲ段母线后，母线保护站控层双网冗余网络独立性检查验证内容。

》【知识要点】

站控层站控层通信报文规范（communication message specification，CMS）网络应冗余配置并按照功能相对隔离，应采取措施防止任一网络异常影响其他网络。

》【技术要领】

CMS 双冗余网络独立性检查分为 2 个步骤：

① 站控层 C Ⅰ 网和 C Ⅱ 网独立性验证,取下 110kV 母线保护站控层 C Ⅰ 网组网口光纤,检查站控层 C Ⅰ 网交换机、主辅一体化监控后台是否均为 C Ⅰ 网组网口断链告警;

② 站控层 C Ⅰ 网和 C Ⅱ 网独立性验证,取下 110kV 母线保护站控层 C Ⅱ 网组网口光纤,检查站控层 C Ⅱ 网交换机、主辅一体化监控后台是否均为 C Ⅱ 网组网口断链告警。

》【典型案例】

1　案例描述

220kV 富春变电站单母分改改扩建新 110kV Ⅲ 段母线。

220kV 富春变电站改扩建 110kV Ⅲ 段母线及相关间隔工程。110kV 富春变电站采用合并单元直接采样＋智能终端直接跳闸方式。站内 110kV 部分主接线原为单母线母分接线方式,本期新增 110kV 2 号母分间隔和Ⅲ段母线。改扩建工程中新增二次设备包括 110kV 母分保护测控装置 PCS-923A-DA-G-C、110kV 母分智能终端 PCS-222C、110kV 母分合并单元 PCS-221GB-G 和 110kV 2 号母分备自投 PCS-9651DA-D。改扩建工程中涉及升级为三段母线设备包括 110kV 母线保护 PCS-915DL-DA-G、110kV 母线合并单元 PCS-221N-G-H3。

2　过程分析

(1) 不停电阶段。不停电阶段完成全站 SCD 文件组态制作,监控后台画面、数据库、五防闭锁、顺控票、链路二维表及远动修改,110kV 2 号母分间隔(包括保测装置、备自投、合并单元、智能终端和过程层交换机)和 110kV Ⅲ 段母线间隔智能组件柜立屏安装和调试工作,三遥信息核对,新间隔相关交、直流电源、GPS 对时等回路搭接,保护管理机、故障录波器、在线监测装置和网络报文记录分析仪配置文件修改调试。

(2) 停电阶段。停电阶段完成 110kV 母线保护由单母分升级为单母三母分接线方式配置升级,新增 110kV 2 号母分及备自投相关回路验证。升级后 110kV 母线保护与旧 110kV 间隔相关电流、开入和跳闸等相关功能回路验证。110kV 母线合并单元中新增 110kV Ⅲ段母线交流采用、110kV 2 号母分智能终端并列解列等相关功能和回路验证。110kV Ⅲ段母线后台及测控防误闭锁逻辑修改及验证。110kV 母线保护顺控逻辑修改。110kV 母线合并单元 110kVⅡ、Ⅲ段电压并列解列功能及回路验证。110kV Ⅲ段母线隔离开关和接地开关遥信、遥控核对，间隔五防逻辑验证。新增设备与调控中心三遥信息核对。

3　结论建议

110kV 母线保护经带负荷试验正确后方可投入运行。

项目八

110kV智能变电站改扩建110kV线变组间隔

》【项目描述】

本项目主要讲解 110kV 智能变电站中扩建包含 3 号变压器的线变组间隔所对应的保护和自动化设备相关功能和二次虚回路调试、防误回路与辅助电源接入等内容。结合案例步骤分析、介绍，了解智能化变电站中线变组间隔扩建调试流程，熟悉作业要求和安全注意事项，掌握独立作业技能。

110kV 变电站扩建含 3 号变压器线变组的主接线图如图 8-1 所示，本期完善一次设备为虚线部分。

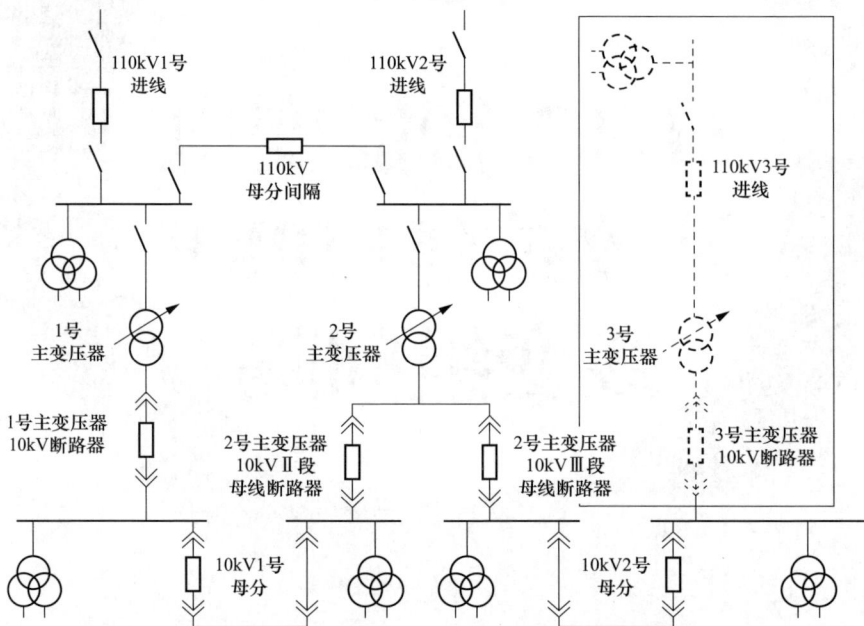

图 8-1　110kV 变电站扩建含 3 号变压器线变组的主接线图

任务一　线变组间隔变压器保护功能调试

》【任务描述】

本任务主要讲解智能站改扩建 110kV 线变组间隔后，变压器保护调试内容。分析了变压器保护相关的 7 个调试步骤。

》【知识要点】

变压器非电量保护通常包括本体重瓦斯、本体轻瓦斯、有载重瓦斯、压力释放、绕组温度高、有载油位异常、油温高、本体油位异常等信号；非电量保护整组试验，在额定直流电压下，按顺序传动非电量保护，监视保护信号接点和面板指示灯信号，对需要跳闸的非电量保护，应监视跳闸接点；非电量回路绝缘测试，非电量回路对地绝缘电阻应大于 $1M\Omega$，非电量接点之间绝缘电阻应大于 $10M\Omega$。

现场勘察注意事项：①核实本期增加的线路智能组件柜布置，是否在前期预留位置上；②检查间隔层交换机、站控层交换机预留的接入光口是否还在备用状态、设备扩建后是否满足后期运行冗余要求，如不满足，则需安排增加光交换机；③检查网络分析仪、故障录波器预留的接入光口是否满足接入需求，如不满足，则需安排增加光口板；④根据设备招标结果，核实扩建设备的版本、接口类型，是否满足接入原系统的兼容性要求，对于需要编制专用程序以满足接入要求的设备，应提前与设备厂家联系并落实相关程序管控要求。

智能变电站工程集成工作主要包含通信子网的划分、二次设备命名、站控层、过程层通信地址分配、虚端子连线等。智能变电站工程集成工作主要相关因素：①通信子网配置与二次设备采样跳闸方式相关；②二次设备配置及命名，与系统电压等级、主接线方式、设计原则及设备命名原则相关；③站控层、过程层通信地址分配，具体 IP 或组播地址分配无固定原则，一般避免重复即可；④虚端子连线，基于二次回路设计规范。

配置站控层制造报文规范（manufacturing message specification，MMS）网络，面向通用对象的变电站事件（general object oriented substation event，GOOSE）及采样值（sampled value，SV）网络。

变电站各电压等级主接线方式，按设计规范确定相关二次设备配置方案，然后按实际工程设备具体配置情况导入各智能电子设备（intelligent electronic device，IED）模型，二次设备的实例化工作包括 IED 命名、站控层及过程层通信地址配置。

改扩建 110kV 线变组间隔相关信息流如图 8-2 所示：

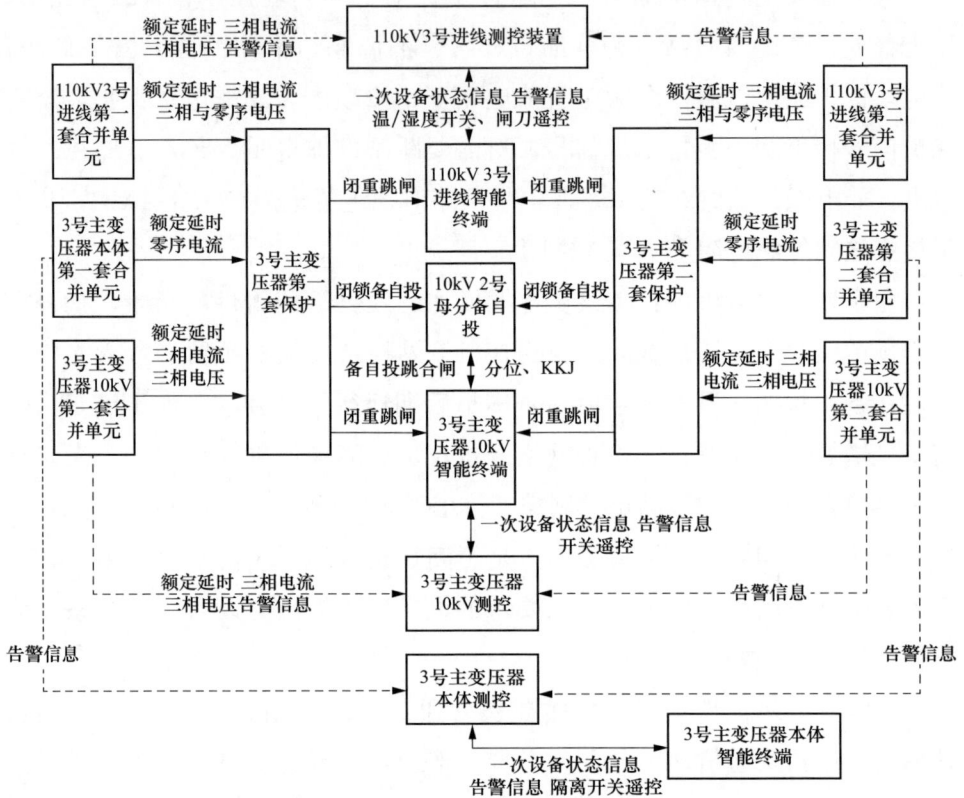

图 8-2　改扩建 110kV 线变组间隔相关信息流图

110kV 线变组间隔中变压器保护相关二次设备包括各侧及本体合并单元、智能终端和低压侧 2 号母分备自投。线变组间隔相关信息流如表 8-1 所示。

表 8-1　　　　　　　　　　　　线变组间隔相关信息流

装置描述	开入量信号描述	信号来源描述
3 号变压器第一套保护	额定延时、三相电流、三相与零序电压	110kV 3 号进线第一套合并单元
3 号变压器第一套保护	额定延时、零序电流	3 号变压器本体第一套合并单元

续表

装置描述	开入量信号描述	信号来源描述
3 号变压器第一套保护	额定延时、三相电流、三相电压	3 号变压器 10kV 第一套合并单元
110kV 3 号进线智能终端	闭重跳闸	3 号变压器第一套保护
3 号变压器 10kV 智能终端	闭重跳闸	3 号变压器第一套保护
10kV2 母分备自投	变压器保护动作闭锁备自投	3 号变压器第一套保护
3 号变压器第二套保护	额定延时、三相电流、三相与零序电压	110kV 3 号进线第二套合并单元
3 号变压器第二套保护	额定延时、零序电流	3 号变压器本体第二套合并单元
3 号变压器第二套保护	额定延时、三相电流、三相电压	3 号变压器 10kV 第二套合并单元
110kV 3 号进线智能终端	闭重跳闸	3 号变压器第二套保护
3 号变压器 10kV 智能终端	闭重跳闸	3 号变压器第二套保护
10kV2 号母分备自投	变压器保护动作闭锁备自投	3 号变压器第二套保护
3 号变压器 10kV 智能终端	备自投跳、合闸	10kV2 号母分备自投
10kV2 号母分备自投	断路器分位、KKJ	3 号变压器 10kV 智能终端
110kV 3 号进线测控装置	额定延时、三相电流、三相电压、告警信息	110kV 3 号进线第一套合并单元
110kV 3 号进线测控装置	告警信息	110kV 3 号进线第二套合并单元
110kV 3 号进线测控装置	一次设备状态信息、告警信息、温/湿度	110kV 3 号进线智能终端
110kV 3 号进线智能终端	断路器、隔离开关、接地开关遥控	110kV 3 号进线测控装置
3 号变压器本体测控	告警信息	3 号变压器本体第一套合并单元
3 号变压器本体测控	告警信息	3 号变压器本体第二套合并单元
3 号变压器 10kV 测控	额定延时、三相电流三相电压告警信息	3 号变压器 10kV 第一套合并单元
3 号变压器 10kV 测控	告警信息	3 号变压器 10kV 第二套合并单元
3 号变压器 10kV 测控	一次设备状态信息、告警信息	3 号变压器 10kV 智能终端
3 号变压器 10kV 智能终端	断路器遥控	3 号变压器 10kV 测控

根据 DL/T 1873—2018《智能变电站系统配置描述（SCD）文件技术规范》定义的 IED Name 命名原则，采用 5 层结构命名：IED 类型、归属设备类型、电压等级、归属设备编号、间隔内同类装置序号。IED Name 由上述 5 个部分按照现场实际情况自由组合而成。

根据系统电压等级、主接线方式、设计原则及设备命名原则，对母设合并单元与智能终端，线路间隔测控装置、合并单元与智能终端进行命名，设置参数。

进行二次设备的站控层 IP 地址、过程层 GOOSE 及 SV 组播地址配置工作给扩建设备分配 IP 地址，避免重复。

按照二次回路设计规范配置二次设备的虚端子连线，配置方式与二次设备采样跳闸方式有关，需要按照设备设计规范进行保护间、保护与合并单元（数字采样方式）及智能终端（数字跳闸方式）间的虚端子连线，以线路保护 GOOSE 虚端子连接配置示例，内部信号为线路保护输入虚端子，外部信号为智能终端和母线保护的输出虚端子。

【技术要领】

变压器保护功能调试分为 7 个步骤：

① SV 采样回路调试。3 号变压器保护装置中 SV 接收软压板唯一性和正确性验证，包括 3 号变压器保护装置中 110kV 3 号变压器高压侧进线合并单元 SV 接收软压板、3 号变压器本体合并单元接收软压板和 3 号变压器 10kV 断路器合并单元接收软压板。

② GOOSE 回路调试。变压器保护 GOOSE 发送软压板和各断路器智能终端出口硬压板唯一性和正确性验证，包括 3 号变压器保护装置中 110kV 3 号进线断路器 GOOSE 跳闸出口软压板、3 号变压器 10kV 母线断路器跳闸出口软压板、10kV 2 号母分断路器跳闸出口软压板和 10kV 2 号母分备自投闭锁出口软压板。

③ 功能调试。

a. 保护交流母线电压、零序电压和分相电流采样值检查；

b. 变压器差动保护定值校验、功能测试；

c. 变压器后备保护定值校验、时间测试；

d. 变压器本体非电量保护功能测试；

e. 变压器电流回路一点接地和回阻测量；

f. 变压器间隔检修机制验证；

g. 变压器交流采样回路、控制回路和非电量保护信号回路绝缘电阻测试；

h. 变压器保护整组试验。

④ 三遥核对。3 号变压器各侧间隔及本体设备与调控中心三遥信息

核对。

⑤ 软件版本核查。变压器保护装置版本通过国家电网有限公司统一测试核查，满足国家电网有限公司技术规范，应采用浙江电网标准化保护及辅助装置 ICD 模型文件；

⑥ 光口功率检查。变压器保护装置光口发送功率、接收功率、最小接收功率检查。

⑦ 光纤二维链路表检查。变压器保护装置该新扩间隔相关 GOOSE 和 SV 二维链路表验证。

任务二　10kV 2 号母分备自投功能完善调试

≫【任务描述】

本任务主要讲解智能站改扩建 110kV 线变组间隔后，10kV 2 号母分备自投功能完善与调试内容。通过分析 10kV 备自投相关调试步骤，了解智能变电站改扩建 110kV 线变组间隔后，10kV 2 号母分备自投调试流程，熟悉智能变电站 110kV 变压器保护与 10kV 2 号母分备自投、10kV 2 号母分备自投与 3 号变压器 10kV 断路器智能终端及合并单元间的相关二次虚回路和母分备自投功能原理，掌握智能站改扩建 110kV 线变组间隔低压侧备自投调试技能等内容。

≫【知识要点】

仅 3 号变压器低后备动作闭锁 10kV 2 号母分备自投装置，其他保护均不闭锁。在虚端子连线时避免出现保护动作闭锁功能多配。接入扩建间隔 SV 输入回路、GOOSE 回路，变压器保护闭锁 GOOSE 回路，需按正、反逻辑要求进行验证。

≫【技术要领】

母分备自投功能完善调试分为 5 个步骤：

① SV 回路完善。与 3 号变压器 10kV 断路器合并单元间的 10kV 2 号母分备自投装置 SV 收软压板唯一性和正确性验证。

② GOOSE 回路完善。10kV 2 号母分备自投装置 GOOSE 发送软压板和 3 号变压器 10kV 断路器智能终端间唯一性和正确性验证。3 号变压器第一、第二套保护 GOOSE 发送软压板和 10kV 2 号母分备自投装置间唯一性和正确性验证。

③ 检修机制验证。10kV 2 号母分备自投装置与该扩间隔变压器保护、合并单元和智能终端检修机制验证。

④ 10kV 2 号母分备自投整组试验。

⑤ 10kV 2 号母分备自投与该新扩间隔相关 GOOSE 和 SV 二维链路表验证。

任务三　110kV 3 号线路间隔合并单元调试

》【任务描述】

本任务主要讲解 110kV 智能站改扩建 110kV 线变组间隔后，110kV 3 号线路合并单元调试内容。分析了线路合并单元相关的 8 个调试步骤。

》【知识要点】

线路合并单元配置两台，两台装置所使用装置电源应确保与变压器的第一、第二套保护直流电源相对应，从同一段直流母线接入。

》【技术要领】

合并单元调试分为 8 个步骤：

① 外观及接线检查。记录设备铭牌数据；合并单元柜清扫、检查及插件外观检查；绝缘电阻检测；逆变电源检查；通电初步检验。

② 装置版本检查。版本需与最新版本文件及历史试验报告比对，判断

是否符合应用要求。

③ 断路器量检验。检修压板检查，开入量检查。

④ 合并单元性能检查。丢帧率测试；完整性测试；发送频率测试；品质位检查；采样等间隔离散度检查；采样延时检查；守时功能；级联延时检查；对时精度检查。

⑤ 电流、电压输入输出检查。电流采样及精度检查；电压采样及精度检查。

⑥ 级联检查。根据实际级联情况检查电压自母设合并单元输入后的输出情况。

⑦ 后台信号检查。对合并单元的装置检修、装置告警、装置闭锁后台报送情况进行检查。

⑧ 通信链路检查。对合并单元的断链、装置告警、收信与发信功率、光缆衰耗进行检查。

任务四 110kV 3 号线路间隔智能终端安装调试

》【任务描述】

本任务主要讲解智能站改扩建 110kV 线变组间隔后，110kV 3 号线路间隔线路智能终端调试内容。分析了 110kV 3 号线路智能终端相关的 8 个调试步骤。

》【知识要点】

110kV 3 号线路智能终端的工作电源与变压器第一套保护共处直流的第 I 段母线，在调试时，需认真核对接入电源位置，确保接入正确。

》【技术要领】

智能终端安装调试分为 8 个步骤：

① 外观及接线检查。记录设备铭牌数据；智能终端柜清扫、检查及插件外观检查；绝缘电阻检测；逆变电源检查；通电初步检验。

② 装置版本检查。版本需与最新版本文件及历史试验报告比对，判断是否符合应用要求。

③ 开入量检查。检修压板检查；信号复归开入检查；GOOSE 发送的断路器位置、压力低闭锁、合后继电器动作、智能终端装置检修检查。

④ GOOSE 数据集接收及出口检查。用数字试验仪发跳闸报文，测试动作接点，动作时间应小于 5ms。

⑤ 报警接点检查。运行异常、装置故障信号检查。

⑥ 直流量测试。柜内温度、湿度上送一致性核对。

⑦ 通信链路检查。对智能终端的断链、装置告警、收信与发信功率、光缆衰耗进行检查。

⑧ 功能和虚回路调试。对智能终端与变压器保护装置间检修机制验证。

任务五　110kV 3 号变压器间隔合并单元安装调试

≫【任务描述】

本任务主要讲解智能站改扩建 110kV 线变组间隔后，110kV 3 号变压器本体与 10kV 侧合并单元调试内容。分析了变压器本体与 10kV 侧合并单元相关的 7 个调试步骤。

≫【知识要点】

变压器本体与 10kV 侧的双套合并单元接入的二次电流，应确保与双套变压器保护设计保护范围一致，不存在主保护死区。

≫【技术要领】

合并单元安装调试分为 7 个步骤：

① 外观及接线检查。记录设备铭牌数据；合并单元柜清扫、检查及插件外观检查；绝缘电阻检测；逆变电源检查；通电初步检验。

② 装置版本检查。版本需与最新版本文件及历史试验报告比对，判断是否符合应用要求。

③ 断路器量检验。检修压板检查；开入量检查。

④ 合并单元性能检查。丢帧率测试；完整性测试；发送频率测试；品质位检查；采样等间隔离散度检查；采样延时检查；守时功能检查；级联延时检查；对时精度检查。

⑤ 电流、电压输入输出检查。电流采样及精度检查；电压采样及精度检查。

⑥ 后台信号检查。对合并单元的装置检修、装置告警、装置闭锁后台报送情况进行检查。

⑦ 通信链路检查。对合并单元的断链、装置告警、收信与发信功率、光缆衰耗进行检查。

任务六　110kV 3 号变压器间隔智能终端安装调试

【任务描述】

本任务主要讲解智能站改扩建 110kV 线变组间隔后，110kV 3 号变压器本体与 10kV 侧智能终端调试内容。分析了 110kV 3 号变压器本体与 10kV 侧智能终端相关的 7 个调试步骤。

【知识要点】

110kV 3 号变压器本体与 10kV 侧智能终端的工作电源与变压器第一套保护、10kV 2 号母分备自投装置共处直流的第Ⅰ段母线，在调试时需认真核对所接入电源位置，确保接入正确。

≫ 【技术要领】

智能终端安装调试分为 7 个步骤：

① 外观及接线检查。记录设备铭牌数据；智能终端柜清扫、检查及插件外观检查；绝缘电阻检测；逆变电源检查；通电初步检验。

② 装置版本检查。版本需与最新版本文件及历史试验报告比对，判断是否符合应用要求。

③ 开入量检查。变压器测控装置开入量检查，包括智能终端装置信号复归开入检查、断路器位置开入、断路器气室压力低闭锁开入、合后继电器动作开入和智能终端装置检修开入检查。

④ GOOSE 数据集接收及出口检查。用数字试验仪发跳闸报文，测试动作接点，动作时间应小于 5ms。

⑤ 报警接点检查。运行异常、装置故障信号检查。

⑥ 直流量测试。柜内温度、湿度上送一致性核对。

⑦ 通信链路检查。对智能终端的断链、装置告警、收信与发信功率、光缆衰耗进行检查。

任务七　110kV 3 号变压器间隔自动化设备扩建调试

≫ 【任务描述】

本任务主要讲解智能站改扩建 110kV 3 号变压器间隔后，110kV 变压器各侧及本体测控调试内容。分析了变压器测控相关的 10 个调试步骤。

≫ 【知识要点】

测控装置调试前，应将数据采集及控制参数正确设置，其中对于电流、电压、有功、无功量重点关注死区值，遥控关注保持时间，遥信关注防抖时间。

≫【技术要领】

变压器间隔自动化设备扩建调试分为 10 个步骤：

① 变压器低压侧测控交流分相电流采样值检查、交流分相母线电压采样检查。

② 变压器本体测控高压侧零序电流采样值检查。

③ 变压器低压侧断路器、隔离开关、接地开关位置等一次设备状态量信息检查，低压侧合并单元、智能终端和一次设备异常告警信息等开入量检查。

④ 变压器本体测控本体重瓦斯跳闸、有载重瓦斯跳闸、本体压力释放、本体油温高跳闸等非电量信号检查，本体合并单元告警信息检查。

⑤ 变压器低压侧测控中断路器遥控功能核对。

⑥ 变压器本体测控中高压侧中性点隔离开关，有载调压升、降和急停等遥控功能核对。

⑦ 变压器间隔内顺控逻辑验证，包括运行、热备用和冷备用状态切换验证。

⑧ 变压器各侧智能终端上远近控切换把手，断路器、隔离开关和接地开关遥控合分闸出口硬压板唯一性和正确性验证。

⑨ 变压器低压侧及本体测控参数定值核验。

⑩ 变压器低压侧测控中断路器手车和隔离开关手车相关防误闭锁逻辑验证。

任务八　110kV 线变组间隔网络分析仪、故障录波器回路调试

≫【任务描述】

本任务主要讲解智能站改扩建 110kV 线变组间隔后，故障录波器、网络报文记录分析仪、在线监测装置、保护信息管理机等设备调试内容。

≫【知识要点】

网络分析仪、故障录波器接入，重点在于前期勘查准备是否充分。应仔细核对接入设备的数量，需要的光口是否备用充足，发现不足则及时补充设备，保障工作顺利。

≫【技术要领】

线变组间隔网络分析仪、故障录波器回路调试分为 2 个步骤：

① SV 采样回路完善。网络分析仪、故障录波器、在线监测装置、保护信息管理机与 110kV 3 号进线、110kV 3 号变压器所属的两套合并单元间 SV 采样回路电流电压采样值检查。

② GOOSE 回路完善。网络分析仪、故障录波器、在线监测装置、保护信息管理机与 110kV 3 号进线、110kV 3 号变压器所属的智能终端间 GOOSE 传输信号检查。

任务九　110kV 线变组间隔防误回路调试

≫【任务描述】

本任务主要讲解智能站改扩建 110kV 线变组间隔后，进线与变压器间隔相关电气防误回路调试内容。

≫【知识要点】

防误回路电缆的敷设、回路的接入，均应与断路器控制回路、直流信号回路保持一定的间隔，防止控制回路接地、交流窜直流发生。

≫【技术要领】

线变组间隔防误回路调试分为 2 个步骤：

① 回路完善。完善 110kV 3 号进线断路器、隔离开关与 3 号变压器 10kV 断路器、隔离开关间的电气防误回路；3 号变压器 10kV 断路器与其隔离开关间电气防误回路。

② 逻辑验证。按逻辑要求，验证 110kV 3 号进线断路器、隔离开关与变压器 10kV 断路器、隔离开关间的电气防误回路。

任务十　110kV 线变组间隔交直流电源接入

【任务描述】

本任务主要讲解智能站改扩建 110kV 线变组间隔后，相关设备交直流电源接入内容。

【知识要点】

对于双套配置的设备，直流电源接入应确保合并单元、保护、备自投装置间的一致性，同时将两套设备的电源各自独立。

【技术要领】

线变组间隔交直流电源接入分为 2 个步骤：

① 直流电源接入。接入 110kV 3 号进线与 3 号变压器各测控装置、智能终端、两套合并单元的工作和操作用直流电源，其中测控装置、智能终端、第一套合并单元应使用同一段直流系统电源。

② 交流电源接入。接入测控屏、智能组件柜中的照明电源、电机电源，确保与直流回路有一定的间隔，并与直流系统不互窜。

【典型案例】

1　案例描述

110kV 智能变电站包含 3 号变压器的线变组间隔扩建。

171

某 110kV 变电站Ⅰ期已完成的 110kV 1 号进线、110kV 2 号进线、110kV 母分断路器、1 号与 2 号变压器的建设工作，10kV 母线已完成Ⅰ、Ⅱ、Ⅲ、Ⅳ段建设，本期完善包含 3 号变压器的线变组间隔建设工作，同期布置 110kV 3 号进线的测控装置、进线合并单元、智能终端的安装、调试，并完善 10kV 2 号备自投回路变压器保护回路、防误回路。

2　过程分析

（1）现场勘查。

1）屏柜布置检查：核实本期增加的线路智能组件柜、变压器智能组件柜布置是否在预留位置上。

2）设备冗余度检查：检查 10kV 2 号母分备自投装置预留的接入光口是否充足；检查间隔层交换机、站控层交换机预留的接入光口是否充足；检查网络分析仪、故障录波器预留的接入光口是否充足。

3）设备兼容性检查：核实扩建间隔二次设备的版本、接口类型是否满足接入原系统的兼容性要求。

（2）不停电施工。扩建包含 3 号变压器的 110kV 线变组间隔，全站 SCD 配置文件制作，110kV 3 号进线间隔与 3 号变压器间隔相关光缆敷设、二次电缆接线，监控后台画面、数据库、五防误闭锁、顺控票、光纤二维链路表制作，远动参数修改、三遥信息核对，3 号变压器间隔接入保护管理机，故障录波器，网络分析仪，在线监测装置。110kV 3 号进线间隔与 3 号变压器间隔五防闭锁逻辑及顺控逻辑验证。故障录波器、网络报文分析仪和在线监测相关配置文件修改，定值修改，虚回路验证。

（3）停电施工。

1）10kV 2 号母分备自投间隔相关配置文件下装，变比和描述等相关参数修改，电流、KKJ 和断路器位置开入、备自投分闸、保护闭锁备自投等相关虚回路验证。

2）新扩 3 号变压器间隔顺控逻辑实际传动验证。

3）故障录波器、网络报文分析仪和在线监测相关配置文件修改，定值修改，虚回路验证。

4）新扩 3 号变压器间隔保护带负荷试验

3 结论建议

110kV 3 号变压器两套保护经带负荷试验后方可投入运行。

项目九

110kV智能变电站改扩建110kV变压器间隔

>> 【项目描述】

本项目主要讲解智能站扩建 110kV 变压器间隔风控和调试等内容。改扩建 110kV 变压器间隔保护及自动化设备知识点和技术要领讲解，结合典型案例分析，了解智能变电站扩建 110kV 变压器间隔作业规程，熟悉智能变电站 110kV 变压器间隔相关虚回路，熟悉作业要求和安全注意事项，掌握智能站扩建 110kV 变压器间隔相关调试过程等内容，掌握独立作业技能。

改扩建 110kV 变压器主接线图如图 9-1 所示。

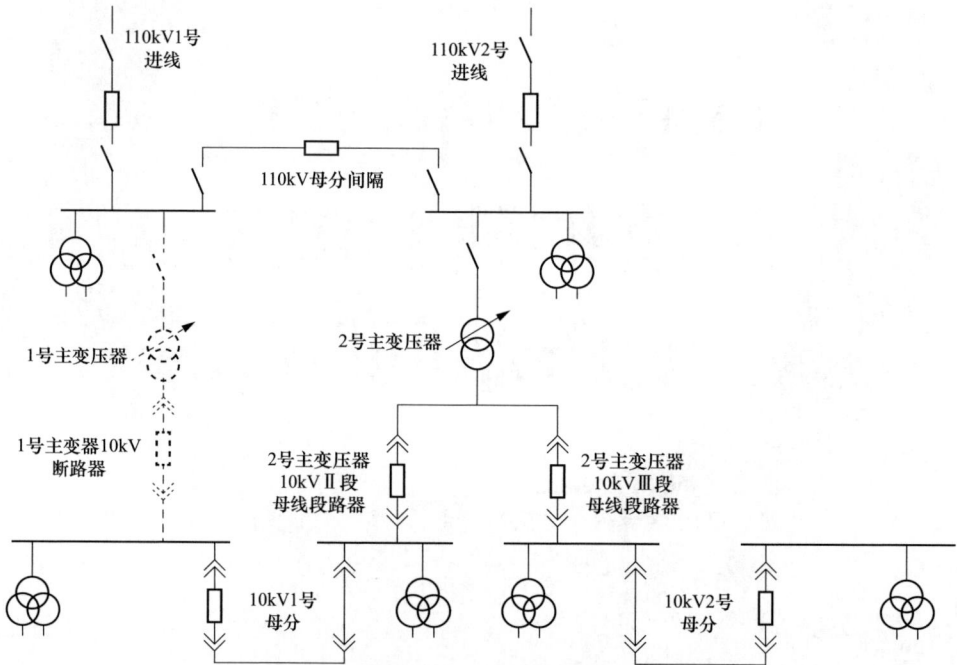

图 9-1　改扩建 110kV 变压器主接线图

任务一　变压器间隔变压器保护功能调试

>> 【任务描述】

本任务主要讲解智能站改扩建 1 号变压器后，变压器保护调试内容。

分析了变压器保护相关的 4 个调试步骤。

>> 【知识要点】

变压器非电量保护信号通常包括本体重瓦斯、本体轻瓦斯、有载重瓦斯、压力释放、绕组温度高、有载油位异常、油温高、本体油位异常等信号；非电量保护整组试验：在额定直流电压下，按顺序传动非电量保护，监视保护信号接点和面板指示灯信号，对需要跳闸的非电量保护，应监视跳闸接点；非电量回路绝缘测试：非电量回路对地绝缘电阻应大于 1MΩ，非电量接点之间绝缘电阻应大于 10MΩ。

现场勘察注意事项：①核实本期增加的母设智能组件柜、线路智能组件柜布置，是否在Ⅰ期预留位置上；②检查间隔层交换机、站控层交换机预留的接入光口是否还在备用状态、设备扩建后是否满足后期运行冗余要求，如不满足，则需安排增加光交换机；③检查网络分析仪、故障录波器预留的接入光口是否满足接入需求，如不满足，则需安排增加光口板；④根据设备招标结果，核时扩建设备的版本、接口类型，是否满足接入原系统的兼容性要求，对于需要编制专用程序以满足接入要求的设备，应提前与设备厂家联系并落实相关程序管控要求。

智能变电站工程集成工作主要包含通信子网的划分、二次设备命名、站控层、过程层通信地址分配、虚端子连线等。智能变电站工程集成工作主要相关因素：①通信子网配置，与二次设备采样跳闸方式相关；②二次设备配置及命名，与系统电压等级、主接线方式、设计原则及设备命名原则相关；③站控层、过程层通信地址分配，具体 IP 或组播地址分配无固定原则，一般避免重复即可；④虚端子连线，基于二次回路设计规范。

配置站控层制造报文规范（manufacturing message specification，MMS）网络，面向通用对象的变电站事件（general object oriented substation event，GOOSE）及采样值（sampled value，SV）网络。

变电站各电压等级主接线方式，按设计规范确定相关二次设备配置方案，然后按实际工程设备具体配置情况导入各智能电子设备（intelligent electronic device，IED）模型，二次设备的实例化工作包括 IED 命名、站控层及过程层通信地址配置。

1号变压器间隔相关信息流如图 9-2 所示。

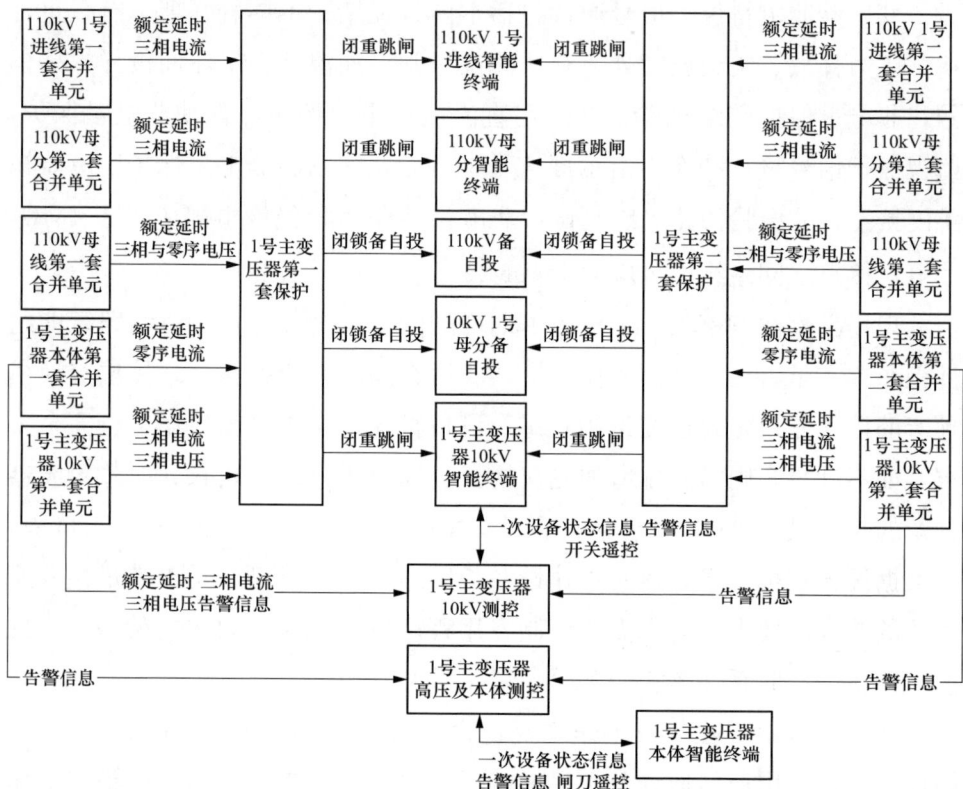

图 9-2　1 号变压器间隔相关信息流

1号变压器保护相关二次设备包括各侧及本体合并单元、110kV 母设合并单元、智能终端，低压侧 2 号母分备自投。变压器间隔相关信息流如表 9-1 所示。

表 9-1　变压器间隔相关信息流

装置描述	开入量信号描述	信号来源描述
1号变压器第一套保护	额定延时、三相电流、	110kV 1号进线第一套合并单元
1号变压器第一套保护	额定延时、三相电流、	110kV 母分第一套合并单元
1号变压器第一套保护	额定延时、零序电流	1号变压器本体第一套合并单元

装置描述	开入量信号描述	信号来源描述
1号变压器第一套保护	额定延时、三相电流、三相电压	1号变压器10kV第一套合并单元
1号变压器第一套保护	额定延时、三相与零序电压	110kV母设第一套合并单元
110kV 1号进线智能终端	闭重跳闸	1号变压器第一套保护
110kV母分智能终端	闭重跳闸	1号变压器第一套保护
1号变压器10kV智能终端	闭重跳闸	1号变压器第一套保护
110kV母分备自投	闭锁备自投	1号变压器第一套保护
10kV1号母分备自投	闭锁备自投	1号变压器第一套保护
1号变压器第二套保护	额定延时、三相电流	110kV 1号进线第二套合并单元
1号变压器第二套保护	额定延时、三相电流	110kV母分第二套合并单元
1号变压器第二套保护	额定延时、零序电流	1号变压器本体第二套合并单元
1号变压器第二套保护	额定延时、三相电流、三相电压	1号变压器10kV第二套合并单元
1号变压器第二套保护	额定延时、三相与零序电压	110kV母设第二套合并单元
110kV 1号进线智能终端	闭重跳闸	1号变压器第二套保护
110kV母分智能终端	闭重跳闸	1号变压器第二套保护
1号变压器10kV智能终端	闭重跳闸	1号变压器第二套保护
110kV母分备自投	闭锁备自投	1号变压器第二套保护
10kV1号母分备自投	闭锁备自投	1号变压器第二套保护
1号变压器高压及本体测控	告警信息	1号变压器本体第一套合并单元
1号变压器高压及本体测控	告警信息	1号变压器本体第二套合并单元
1号变压器高压及本体测控	一次设备状态信息、告警信息	1号变压器本体智能终端
1号变压器本体智能终端	隔离开关遥控信息	1号变压器高压及本体测控
1号变压器10kV测控	额定延时、三相电流三相电压告警信息	1号变压器10kV第一套合并单元
1号变压器10kV测控	告警信息	1号变压器10kV第二套合并单元
1号变压器10kV测控	一次设备状态信息、告警信息	1号变压器10kV智能终端
1号变压器10kV智能终端	断路器遥控	1号变压器10kV测控

　　根据 DL/T 1873—2018《智能变电站系统配置描述（SCD）文件技术规范》定义的 IED Name 命名原则，采用 5 层结构命名：IED 类型、归属设备类型、电压等级、归属设备编号、间隔内同类装置序号。IED Name 由上述 5 个部分按照现场实际情况自由组合而成。

　　根据系统电压等级、主接线方式、设计原则及设备命名原则，对母设合并单元与智能终端，线路间隔测控装置、合并单元与智能终端进行命名，并设置参数。

进行二次设备的站控层 IP 地址、过程层 GOOSE 及 SV 组播地址配置工作，对扩建设备分配 IP 地址，避免重复。

按照二次回路设计规范配置二次设备的虚端子连线，配置方式也与二次设备采样跳闸方式有关，需要按照设备设计规范进行保护间、保护与合并单元（数字采样方式）及智能终端（数字跳闸方式）间的虚端子连线。

≫【技术要领】

变压器保护功能调试分为 4 个步骤：

① SV 采样回路调试。1 号变压器保护装置 SV 接收软压板唯一性和正确性验证，包括 1 号变压器保护装置中 110kV 1 号变压器高压侧进线合并单元、110kV 母分合并单元、110kV 母设合并单元、1 号变压器本体合并单元、1 号变压器 10kV 断路器合并单元接收软压板。

② GOOSE 回路调试。变压器保护 GOOSE 发送软压板和各断路器智能终端出口硬压板唯一性和正确性验证，包括 3 号变压器保护装置中 110kV 1 号变压器高压侧进线断路器 GOOSE 跳闸出口软压板、110kV 母分断路器 GOOSE 跳闸出口软压板、1 号变压器 10kV 母线断路器跳闸出口软压板和 10kV 1 号母分备自投闭锁出口软压板。

③ 功能调试。

a. 保护交流母线电压、零序电压和分相电流采样值检查；

b. 变压器差动保护定值校验、功能测试；

c. 变压器后备保护定值校验、时间测试；

d. 变压器本体非电量保护功能测试；

e. 变压器电流回路一点接地和回阻测量；

f. 变压器间隔检修机制验证；

g. 变压器交流采样回路、控制回路和非电量保护信号回路绝缘电阻测试；

h. 变压器保护整组试验。

④ 三遥核对。1 号变压器各侧间隔及本体设备与调控中心三遥信息核对。

任务二　110kV母分备自投功能完善调试

▶【任务描述】

本任务主要讲解智能站改扩建110kV线变组间隔后，110kV母分备自投功能完善与调试内容。分析了110kV母分备自投相关的3个调试步骤。

▶【知识要点】

1号变压器差动、高后备、非电量动作闭锁110kV母分备自投装置，其他保护均不闭锁。在虚端子连线时避免出现保护动作闭锁功能多配。接入扩建间隔SV输入回路、GOOSE回路，变压器保护闭锁GOOSE回路，需按正、反逻辑要求进行验证。

▶【技术要领】

110kV母分备自投功能完善调试分为3个步骤：

① GOOSE回路完善。1号变压器第一、第二套保护GOOSE发送软压板和110kV母分备自投装置间唯一性和正确性验证。

② 检修机制验证。110kV母分备自投装置与该扩间隔变压器保护、合并单元和智能终端检修机制验证。

③ 110kV母分备自投整组试验。

任务三　10kV 1号母分备自投功能完善调试

▶【任务描述】

本任务主要讲解智能站改扩建1号变压器间隔后，10kV 1号母分备自投功能完善与调试内容。分析了10kV备自投相关的5个调试步骤。

>> **【知识要点】**

仅 1 号变压器低后备动作闭锁 10kV 1 号母分备自投装置，其他保护均不闭锁。在虚端子连线时避免出现保护动作闭锁功能多配。接入扩建间隔 SV 输入回路、GOOSE 回路，变压器保护闭锁 GOOSE 回路，需按正、反逻辑要求进行验证。

>> **【技术要领】**

10kV 1 号母分备自投功能完善调试分为 5 个步骤：

① SV 回路完善。10kV 1 号母分备自投装置中 1 号变压器 10kV 断路器合并单元 SV 接收软压板唯一性和正确性验证。

② GOOSE 回路完善。

a. 10kV 1 号母分备自投装置 GOOSE 发送软压板和 1 号变压器 10kV 断路器智能终端间唯一性和正确性验证。

b. 1 号变压器第一、第二套保护 GOOSE 发送软压板和 10kV 1 号母分备自投装置间唯一性和正确性验证。

③ 检修机制验证。10kV 1 号母分备自投装置与该扩间隔变压器保护、合并单元和智能终端检修机制验证。

④ 10kV 2 号母分备自投整组试验。

⑤ 10kV 2 号母分备自投与该新扩间隔相关 GOOSE 和 SV 二维链路表验证。

任务四　110kV 1 号变压器间隔合并单元安装调试

>> **【任务描述】**

本任务主要讲解智能站改扩建 110kV 1 号变压器间隔后，110kV 1 号变压器本体与 10kV 侧合并单元调试内容。通过分析 1 号变压器本体与

10kV 侧合并单元相关 8 个调试步骤，了解 110kV 智能变电站改扩建 110kV 1 号变压器间隔后，110kV 1 号变压器本体与 10kV 侧合并单元调试流程，熟悉智能变电站 110kV 1 号变压器本体与 10kV 侧合并单元相关二次虚回路和本体与 10kV 侧合并单元功能原理，掌握智能站改扩建 110kV 1 号变压器间隔后本体及 10kV 侧合并单元调试技能等内容。

▷【知识要点】

变压器本体与 10kV 侧的双套合并单元，其接入的二次电流，应确保与双套变压器保护设计保护范围一致，不存在主保护死区。

▷【技术要领】

110kV 1 号变压器间隔合并单元安装调试分为 8 个步骤：

① 外观及接线检查。记录设备铭牌数据；合并单元柜清扫、检查及插件外观检查；绝缘电阻检测；逆变电源检查；通电初步检验。

② 装置版本检查。版本需与最新版本文件及历史试验报告比对，判断是否符合应用要求。

③ 开入量检查。检修压板检查 ；开入量检查。

④ 合并单元性能检查。丢帧率测试；完整性测试；发送频率测试；品质位检查；采样等间隔离散度检查；采样延时检查；守时功能；级联延时检查；对时精度检查。

⑤ 电流、电压输入输出检查。电流采样及精度检查；电压采样及精度检查。

⑥ 级联检查。根据实际级联情况检查电压自母设合并单元输入后的输出情况。

⑦ 后台信号检查。对合并单元的装置检修、装置告警、装置闭锁后台报送情况进行检查。

⑧ 通信链路检查。对合并单元的断链、装置告警、收信与发信功率、光缆衰耗进行检查。

任务五 110kV 1 号变压器间隔智能终端安装调试

》【任务描述】

本任务主要讲解智能站改扩建 110kV 线变组间隔后，110kV 1 号变压器本体与 10kV 侧智能终端调试内容。分析了 110kV 1 号变压器本体与 10kV 侧智能终端相关的 7 个调试步骤。

》【知识要点】

110kV 1 号变压器本体与 10kV 侧智能终端的工作电源与变压器第一套保护、10kV1 号母分备自投装置共处直流的第 I 段母线，在调试时需认真核对所接入电源位置，确保接入正确。

》【技术要领】

110kV 1 号变压器间隔智能终端安装调试分为 7 个步骤：

① 外观及接线检查。记录设备铭牌数据；智能终端柜清扫、检查及插件外观检查；绝缘电阻检测；逆变电源检查；通电初步检验。

② 装置版本检查。版本需与最新版本文件及历史试验报告比对，判断是否符合应用要求。

③ 开入量检查。检修压板检查 ；信号复归开入检查；GOOSE 发送的断路器位置、压力低闭锁、合后继电器动作、智能终端装置检修检查。

④ GOOSE 数据集接收及出口检查。用数字试验仪发跳闸报文，测试动作接点，动作时间应小于 7ms。

⑤ 报警接点检查。运行异常、装置故障信号检查。

⑥ 直流量测试。柜内温度、湿度上送一致性核对。

⑦ 通信链路检查。对智能终端的断链、装置告警、收信与发信功率、光缆衰耗进行检查。

任务六 110kV 1 号变压器间隔自动化设备扩建调试

》【任务描述】

本任务主要讲解智能站改扩建 110kV 1 号变压器间隔后，110kV 变压器高压及本体测控与低压测控调试内容。分析了变压器测控相关的 10 个调试步骤。

》【知识要点】

测控装置调试前，应将数据采集及控制参数正确设置，其中电流、电压、有功、无功量重点关注死区值，遥控关注保持时间，遥信关注防抖时间。

》【技术要领】

110kV 1 号变压器间隔自动化设备扩建调试分为 10 个步骤：

① 变压器高压及本体测控中高压侧零序电流、高压侧间隙电流采样值检查。

② 变压器低压侧测控交流分相电流采样值检查、交流分相母线电压采样检查。

③ 变压器低压侧断路器、隔离开关、地刀位置等一次设备状态量信息检查，低压侧合并单元、智能终端和一次设备异常告警信息等开入量检查。

④ 变压器高压及本体测控本体重瓦斯跳闸、有载重瓦斯跳闸、本体压力释放、本体油温高跳闸等非电量信号检查，本体合并单元告警信息检查。

⑤ 变压器低压侧测控中断路器遥控功能核对。

⑥ 变压器高压及本体测控中高压侧中性点隔离开关，有载调压升、降和急停等遥控功能核对。

⑦ 变压器间隔内顺控逻辑验证，包括运行、热备用和冷备用状态切换验证。

⑧ 变压器各侧智能终端上远近控切换把手，断路器、隔离开关和地刀遥控合分闸出口硬压板唯一性和正确性验证。

⑨ 变压器各测控参数定值核验。

⑩ 变压器低压侧测控中断路器手车和隔离隔离开关手车相关防误闭锁逻辑验证。

任务七　110kV 1 号变压器间隔网络分析仪、故障录波器回路调试

▶【任务描述】

本任务主要讲解智能站改扩建 110kV 1 号间隔后，故障录波器、网络分析仪、在线监测装置、保护信息管理机等设备调试内容。

▶【知识要点】

网络分析仪、故障录波器接入，重点在于前期勘查准备是否充分。应仔细核对接入设备的数量，需要的光口是否备用充足，发现不足时需要及时补充设备，保障工作顺利。

▶【技术要领】

网络分析仪和故障录波器回路调试分为 2 个步骤：

① SV 采样回路完善。网络分析仪、故障录波器、在线监测装置、保护信息管理机与 110kV 1 号变压器所属的合并单元间 SV 采样回路电流电压采样值检查。

② GOOSE 回路完善。网络分析仪、故障录波器、在线监测装置、保护信息管理机与 110kV 1 号变压器所属的智能终端间 GOOSE 传输信号检查。

任务八　110kV 1 号变压器间隔防误回路调试

▶【任务描述】

本任务主要讲解智能站改扩建 110kV 1 号变压器间隔后，进线与变压器间隔相关电气防误回路调试内容。

》【知识要点】

防误回路电缆的敷设、回路的接入，均应与断路器控制回路、直流信号回路保持一定的间隔，防止控制回路接地、交流窜直流发生。

》【技术要领】

110kV 1 号变压器间隔防误回路调试分为 2 个步骤：

① 回路完善。完善 110kV 1 号进线断路器、隔离开关与 1 号变压器 10kV 断路器、隔离开关间的电气防误回路；1 号变压器 10kV 断路器与其隔离开关间电气防误回路。

② 逻辑验证。按逻辑要求，验证 110kV 1 号进线断路器、隔离开关与变压器 10kV 断路器、隔离开关间的电气防误回路。

任务九 110kV 1 号变压器间隔交直流电源接入

》【任务描述】

本任务主要讲解智能站改扩建 110kV 1 号变压器间隔后，相关设备交直流电源接入内容。

》【知识要点】

对于双套配置的设备，直流电源接入应确保合并单元、保护、备自投装置间的一致性，同时使两套设备的电源各自独立。

》【技术要领】

110kV 1 号变压器间隔交直流电源接入分为 2 个步骤：

① 直流电源接入。接入 110kV 1 号进线与 1 号变压器各测控装置、智能终端、两套合并单元的工作和操作用直流电源，其中测控装置、智能终端、第一套合并单元应使用同一段直流系统电源。

② 交流电源接入。确保测控屏、智能组件柜中的照明电源、电机电源接入，与直流回路有一定的间隔，并与直流系统不互窜。

≫【典型案例】

110kV 智能变电站 1 号变压器间隔扩建。

1　案例描述

某 110kV 变电站Ⅰ期已完成 110kV 1 号进线、110kV 2 号进线、110kV 母分断路器、2 号台变压器的建设工作，10kV 母线已完成Ⅰ、Ⅱ、Ⅲ段建设，本期完善 110kV 1 号变压器间隔建设工作，完善 110kV 母分备自投、10kV1 号备自投回路、变压器保护回路、防误回路。主接线图如图 9-3 所示，本期完善一次设备为虚线部分。

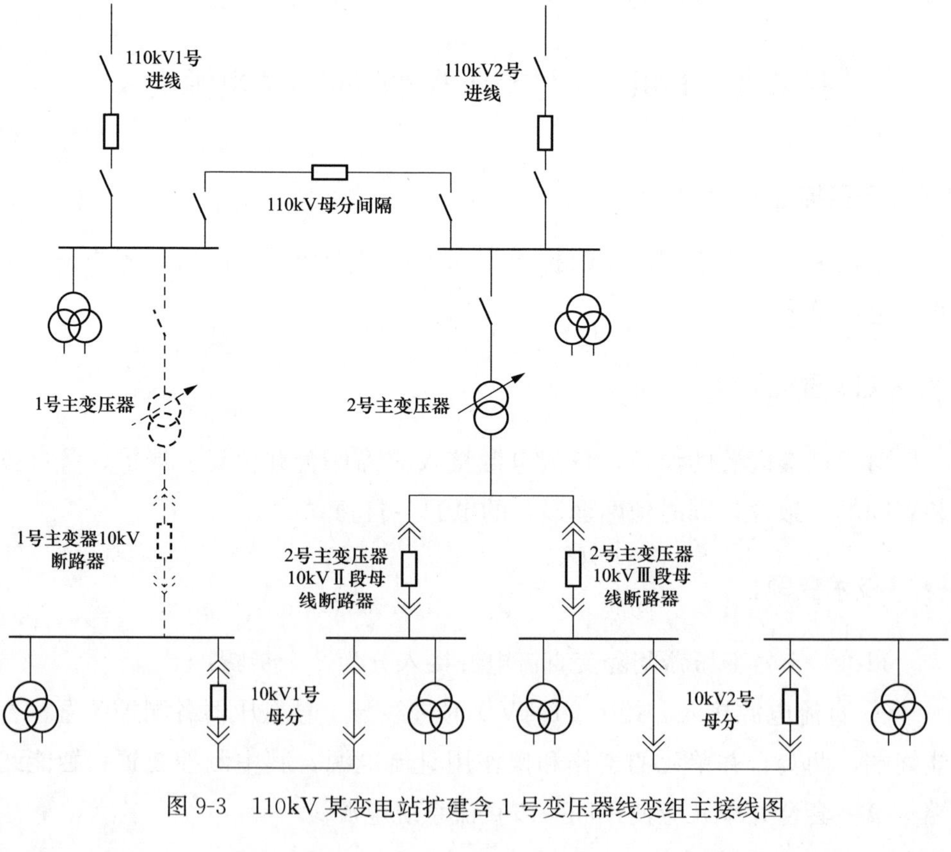

图 9-3　110kV 某变电站扩建含 1 号变压器线变组主接线图

2　过程分析

（1）现场勘查。

1）屏柜布置检查：核实本期增加的线路智能组件柜、变压器智能组件柜布置是否在预留位置上。

2）设备冗余度检查：检查110kV母分备自投、10kV 1号母分备自投装置、110kV 1号进线合并单元与智能终端、110kV母分合并单元与智能终端、110kV母设合并单元所预留的接入光口是否充足；检查间隔层交换机、站控层交换机预留的接入光口是否充足；检查网络分析仪、故障录波器预留的接入光口是否充足。

3）设备兼容性检查：核实扩建间隔二次设备的版本、接口类型，是否满足接入原系统的兼容性要求。

（2）不停电施工。

扩建110kV 1号变压器间隔，全站SCD配置文件制作，110kV 1号变压器间隔相关光缆敷设、二次电缆接线，监控后台画面、数据库、五防误闭锁、顺控票、光纤二维链路表制作，远动参数修改、三遥信息核对，1号变压器间隔接入保护管理机、故障录波器、网络分析仪、在线监测装置。110kV 1号变压器间隔五防闭锁逻辑及顺控逻辑验证。故障录波器、网络报文分析仪和在线监测相关配置文件修改，定值修改，虚回路验证。

（3）停电施工。

1）110kV母分备自投、10kV1号母分备自投间隔相关配置文件下装，变比和描述等相关参数修改，电流、KKJ和断路器位置开入、备自投分闸、保护闭锁备自投等相关虚回路验证。

2）110kV 1号进线、110kV母分间隔合并单元与智能终端文件下装，变比和描述等相关参数修改，电流开入、闭重跳闸等相关虚回路验证。

3）110kV母设第一、二套合并单元文件下装，变比和描述等相关参数修改，电压开入等相关虚回路验证。

4）新扩1号变压器间隔顺控逻辑实际传动验证。

5）故障录波器、网络报文分析仪和在线监测相关配置文件修改，定值修改，虚回路验证。

6）新扩 1 号变压器间隔保护带负荷试验。

3 结论建议

110kV 1 号变压器两套保护经带负荷试验后方可投入运行。

参 考 规 程

GB/T 7261 继电保护及安全自动装置基本试验方法

Q/GDW 383 智能变电站技术导则

Q/GDW 393 110kV—220kV 智能变电站设计规范

Q/GDW 441 智能变电站继电保护技术规范

Q/GDW 1396 IEC 61850 工程继电保护应用模型

Q/GDW 1429 智能变电站网络交换机技术规范

Q/GDW 1809 智能变电站继电保护检验规程

Q/GDW1914 继电保护和安全自动装置验收规范

Q/GDW 11015 模拟量输入式合并单元检测规范

Q/GDW 11051 智能变电站二次回路性能测试规范

Q/GDW 11156 智能变电站二次系统信息模型校验规范

GB/T 33602 电力系统通用服务协议

GB/T 7261 继电保护及安全自动装置基本试验方法

DL/T 282 合并单元技术条件

DL/T 634.5104 远动设备及系统　第 5-104 部分：传输规约采用标准传输协议集的 IEC 60870-5-101 网络访问

DL/T 995 继电保护和电网安全自动装置检验规程

Q/GDW 11486 智能变电站继电保护和安全自动装置验收规范

Q/GDW 1161 线路保护及辅助装置标准化设计规范

Q/GDW 1175 变压器、高压并联电抗器和母线保护及辅助装置标准化设计规范

Q/GDW 1809 智能变电站继电保护检验规程

Q/GDW 1914 继电保护及安全自动装置验收规范

Q/GDW 273 继电保护故障信息处理系统技术规范

《关于推进继电保护压板状态智能管控的通知》（浙电调字〔2022〕1 号）